U0258295

见识城邦

更新知识地图　拓展认知边界

生命的冒险

从抗风蜥蜴到
变身乌贼，
迷人的气候变化
生物学

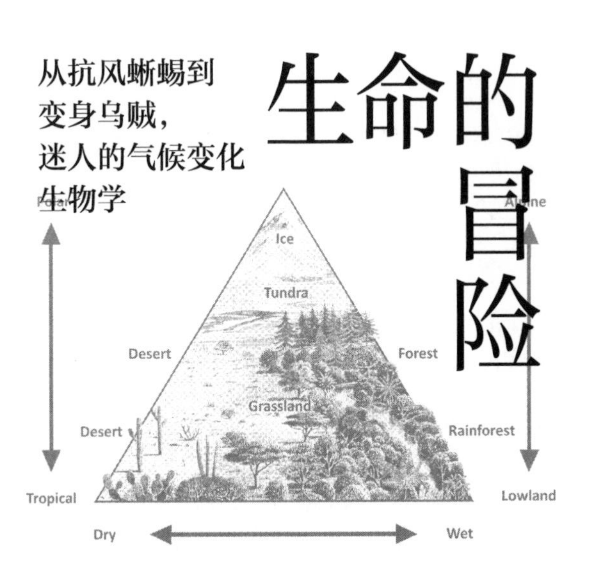

THOR HANSON

HURRICANE LIZARDS AND PLASTIC SQUID

The Fraught and Fascinating Biology of Climate Change

[美] 索尔·汉森 著　徐柳 译

中信出版集团 | 北京

图书在版编目（CIP）数据

生命的冒险：从抗风蜥蜴到变身乌贼，迷人的气候变化生物学 / (美) 索尔 · 汉森著；徐柳译 . -- 北京：中信出版社，2022.6

书名原文：Hurricane Lizards and Plastic Squid : The Fraught and Fascinating Biology of Climate Change

ISBN 978-7-5217-4408-8

Ⅰ . ①生… Ⅱ . ①索… ②徐… Ⅲ . ①气候变化－生物学－普及读物 Ⅳ . ① P467-49

中国版本图书馆 CIP 数据核字（2022）第 081363 号

生命的冒险：从抗风蜥蜴到变身乌贼，迷人的气候变化生物学
著者：[美] 索尔 · 汉森
译者：徐柳
出版发行：中信出版集团股份有限公司
（北京市朝阳区惠新东街甲 4 号富盛大厦 2 座　邮编　100029）
承印者：北京诚信伟业印刷有限公司

开本：880mm×1230mm 1/32　印张：8.75　字数：175 千字
版次：2022 年 6 月第 1 版　印次：2022 年 6 月第 1 次印刷
京权图字：01–2021–6620　书号：ISBN 978–7–5217–4408–8
定价：59.00 元

服务热线：400–600–8099
投稿邮箱：author@citicpub.com

此书献给我的兄弟

目 录

应对

我们谈论气候危机时常常忽略一点：自然界并不是毫无防御能力的。当环境变化时，动植物会有所反应，它们会调动各种能力做出应对……

结果

我研究气候变化，就会有人让我预测未来——“以后会发生什么？”，当然，没人知道确切的答案，不过，线索就藏在我们已经发现的很多生物学挑战与应对中……

作者的话

本书起于好奇心，写的是天性好奇之人——科学家的故事和发现。尽管立足于气候变化危机，本书却并不是一本“危机之书”。毕竟别的书已经敲过警钟了，而且说得都很有道理。本书关注更基础的东西——当我们思考气候变化时，生物学如何点拨我们的思路？如果说“气候变化生物学”是一个正在迅速开疆拓土的研究领域，那么可以说，这本书里全都是从前线传回的消息，而参考书目里还有更多值得探索的内容。我试着尽量少用术语，把科学理念提取出来，不过有些绕不开的术语，我还是编入了最后的词汇表。章节注释里有一些逸闻趣事和题外话，里面详细讲解了林鼠尿液的耐用期限，怎样做出更好的甲虫诱捕器，还有如何在水里溶解一颗鸭蛋。希望我在研究和写作本书时获得的诸多领悟，都能让您阅读此书时有所共鸣，愿诸君读过此书，不仅觉得饶有趣味，还能产生行动的愿望。如果我们能一同提高音量，站上屋顶大声呐喊，声音就会传得更远。

前言

想一想

兄弟，我在想我看过的一则预言……*

——威廉·莎士比亚《李尔王》(约 1606 年)

我在瓢泼大雨中摸黑搭起帐篷，希望自己已经爬得够高，离开了突发性洪水的范围。爬进帐篷就像钻进了一台滚筒洗衣机——疾风抽打着距离我的脸上方只有几英寸†远的湿帐篷布，把帐篷杆摇得咔哒作响，朝我脸上喷着细密的水雾。入夜，暴风雨越来越猛，我的睡袋渐渐浸透了雨水，我开始怀疑自己选这样的春假活动对不对了。

我本来可以去和朋友们钓鱼，享受啤酒味的友情，大家在大

* 《李尔王》，第一幕第二场；Bevington 1980, p. 1178。

† 1 英寸≈2.5 厘米。——编者注

四最后一学期多少都盼着这样。结果呢，在最后一刻，我竟然决定做一堆三明治，把露营装备扔进背包，动身去探索南加州一片遥远的沙漠——后来那里成了约书亚树国家公园。我压根儿就没想到要带防水油布和雨具——我要去的可是北美洲最干燥的地方呀！不过，尽管第一夜是我有史以来在帐篷里度过的最凄惨的一晚，那场夜雨却产生了一个奇妙的结果。饥渴的种子和多年生植物全都起死回生，后来几天，天空放晴，我发现自己正徒步穿越一个极其罕见的场景——开满鲜花的沙漠。我在田野笔记里写道：大量金色、蓝色、紫色的花朵，仿佛随着不羁画笔的挥洒，落在红土和花岗岩上。我记录了 20 多个开花的物种，既有鲜艳的雏菊和蓝铃花，也有一些不常见的品种，名字就像是从西方小说里来的：蝎子草、鬼针草、蠢驴车轴草（jackass clover）。不过，我写得最多的一种植物却根本没有花。它披挂着另一类装饰。

那是一棵古老的约书亚树，我是在一个狭窄的山口看见它的，它的枝条向上伸展，就像钉耙的齿。即便有点远，我也能看到它在微风里摇曳，闪着古怪的光，走近后我才知道原因。这里的盛行风穿过岩石和高地，给这棵树挂上了一身垃圾。树上有塑料袋、食品包装、捆扎钢丝，还有至少 3 个瘪掉的程度各不相同的派对氦气球。一只气球上写着“生日快乐”，在系绳的一端虚弱地摇晃着。那一刻我情不自禁地把垃圾比作了果实——在距离最近的城镇足有 50 英里*、如此荒无人烟的地方出现的丰收奇景。

* 1 英里 ≈1.6 千米。——编者注

图 I.1 约书亚树是世界上最大的丝兰品种，只生长在莫哈韦沙漠（Mojave Desert），这个地区正随着气候变暖迅速变化［美国国家公园管理局 / 罗布·汉纳瓦克（Robb Hannawacker）］

几十年后，我仍然记得那棵树的样子，一想起它，我就觉得它充分地象征了我们对自然界的深远影响。不过现在，我认识到，主要的问题倒不在于随风而来又挂在树上的东西，而在于空气本身。

那次徒步后两个月，我拿到了本科文凭，开始了保护生物学的职业生涯。我毕业那天刚好是1992年联合国在巴西里约热内卢召开“地球峰会”的日子，那次会议提出了气候变化的概念，签署了第一个气候变化国际条约。“气候变化”并不是一个新概念——科学家在19世纪就预测了碳排放的影响，“全球变暖”这个词在环境界也已存在多年。但是地球峰会标志着一个转折点，从那一刻起，气候变化正式从一个学术话题变成了全球公众关注问题。后来，越来越多的证据和呼吁采取行动的呼声不断与政治交锋，尤以美国的情况为甚。围绕气候变化的抗议、行动和辩论都开始出现，更不要说还有集体焦虑的终极标志：一系列好莱坞灾难片。作为一名科学家，我从不怀疑这个问题的紧迫性，但我和一些人还在努力寻找真正有意义的回应方式。飞到非洲和阿拉斯加等遥远的地方考察，我也很清楚这种事颇具讽刺意味——拼车到机场抵销不了飞机燃油。但是，在说不清道不明的焦虑之余，气候问题给人这种感觉：乍一想很遥远，值得警觉，但看不见摸不着，就像徒有一个诊断，却没有症状支持。

我这种反应是很典型的。一提到气候变化，在我们知道会发生什么和我们能够或愿意做点什么之间，有一个明显的断层。长期致力于气候问题的活动家乔治·马歇尔（George Marshall）有本非常出色的书《想都不要想》（*Don't Even Think About It*）（书名可真是恰当），就探讨了这种断层。他注意到，人类的大脑能够非常完美地同时理解和忽略抽象的威胁。当后果看似遥远或只是逐步浮现时，我们意识中理性的部分就会把这些问题放到以后考虑，很少会触发更加本能、感性的快速行动路径。（我们在面对物理威胁时的反应则要好得多，比如长矛刺过来、狮子冲过来这种我们祖先进化时必须立刻解决的问题。）马歇尔的书最后列出了一长串弥合这种心理差距的策略，其中很多策略依赖的是人类大脑的另一大特点：讲故事。

复杂的思想一旦附在故事中，就立刻变得容易接受了。柏拉图为何要将那么多哲学对话设定在苏格拉底受审这个戏剧性事件的背景下？卡尔·萨根（Carl Sagan）为何要在一个想象出来的飞船亮闪闪的甲板上教天体物理学？这都是有道理的。故事能触及仅仅靠事实无法触及的那部分大脑，释放能明显改变我们思考、感觉和记忆方式的化学物质。* 学习气候变化知识并没有什么不同，但我们如何理解和行动在很大程度上却要看故事怎么讲——我们讲了什么，从另一个意义上说，其实是故事告诉了我们什么。我自己的观点在我的职业生涯中就发生过巨大转变，

---

* 与大脑对故事的反应有关的若干神经递质中，催产素也许是被研究得最充分的。催产素与同理心和信任感的关系让一位研究者给它起了“道德分子”的绰号（Zak 2012）。研究者认为，我们的大脑在处理故事时释放的催产素和其他化学物质可以加强理解，有助于将抽象概念转化为行动。

从一开始的事不关己，到后来的全情投入，这是故事产生的作用——倒不一定是那些在新闻标题或政治辩论中发现的故事，而是在一些更基础的领域上演的故事，比如我研究的那些动植物的生活。

就像任何地方的生物学家一样，随着一个又一个项目的推进，我目睹气候变化从幕后跨向了台前，之所以这么说，是因为在过去 30 年里，人们可能还只是在苦苦思索该如何反应，而地球的其他物种却早已经在适应了。它们的反应提醒着我们，未来每一种气候场景的结果，无论多么复杂或具有争议性，最终都取决于一件事，就是每一种植物、每一种动物如何应对变化。如果地球上的每种生物在任何情况下都能活下来，那么天气的改变就一点也不重要。不过生命的条件肯定不是通用的。生物多样性来自特化——数以百万计的物种隐秘地适应着各自特有小生境细微的差别。改变这些条件会激发反应，如果改变非常迅速，还可能会重构整个生态系统。气候变化之所以成为危机，很大一部分原因在于变化的速度。不过，对于科学家、农场主、鸟类观测者、园丁、后院博物学家，以及任何对自然感兴趣的人来说，这也创造了一个机遇。见证如此激进的生物事件的机会前所未有，如果早期的结果能有所启示，我们就能学到很多东西。因为就在地球以出人意料的速度迅速改变时，把它作为家园的动植物也在跟着迅速改变。

本书就是探索这个新兴世界的，从甲虫到藤壶（甚至还有约书亚树），各类物种正在直面迅速变化所带来的挑战——它们调整、适应，有时还出现明显的进化，而且全都是实时进行的。本书除了简要介绍二氧化碳之外，不会详细解释地球为何会变暖、如何变暖，也不会讨论那些还在阻碍政策进展的诸多争议。这些议题都很重要，但已经在媒体和其他地方大量讨论过了。[对于想了解这类内容的读者，我推荐安德鲁·德斯勒（Andrew Dessler）的《现代气候变化简介》（*Introduction to Modern Climate Change*），他的文字浅显易懂、不偏不倚，对这些议题进行了出色的归纳。] 本书要探讨的是一个“新研究领域”——气候变化生物学。开篇几章讲科学家发现气候在变化，而温室气体是罪魁祸首，然后，故事会围绕这一新兴领域的三大核心问题展开：（1）气候变化给动植物带来哪些挑战？（2）个体如何反应？（3）这些反应加在一起，为动植物和我们的未来带来了哪些启示？

希望您读罢此书，会赞同我的看法：气候变化不仅值得我们担心，也值得我们好奇。如果我们对一个问题连兴趣都没有，要解决它可就难了。幸运的是，这个危机恰好具有十分深刻的吸引力，它如何对我们所置身世界的生物施加影响，是一个值得我们每天思考的问题。比如，我在一个和煦的春日午后写下这些文字，办公室的门大敞着，果园里昆虫的嗡鸣声和刚从南方飞来的莺儿婉转的啼鸣传了进来。在这样一个场景里，从昆虫传粉和鸟类迁徙的速度，到我敞着门、穿着短袖 T 恤感到很舒服，可以说方方面面都受到了全球温度升高的影响。理解生物对气候变化的反应能帮助我们发现自己在其中所处的位置，我希望本书的故事不仅能提供信息，也能产生一些激励作用。简言之，如果灌木丛里的蟋蟀、熊蜂和蝴蝶都能学会改变自己的行为，我们应该也能。接下来发生的事意味着什么，动植物有不少东西能教给我们，因为对于很多动植物来说（对我们很多人来说也是如此），那个世界已经到来了。

罪魁祸首（变和碳）

如果你想树敌的话，那就去改变点什么。*

——伍德罗·威尔逊

在游说大会上的讲话（1916 年）

临近毕业的时候，我花了几个月的时间寻找合适的博士项目——去不同的大学参观，写电邮，打电话，与可能的导师见面。当我见到这位教授时，我知道我找到了对的人，他不厌其烦地带我参观他的实验室、办公室，最后我们还去树林里待了一天。“我们出去走走吧，”他说，“看看我们有什么可以聊聊的。”这是关于“基础的重要性”的一课，在投身复杂的事业之前，要先把基本要素都考虑到。正因为牢记着这一点，我要在本书最初几个章节集中讲一下基础知识，这些知识经常被轻描淡写地忽略，那就是：科学家们最初是如何开始思考变化和二氧化碳的……

* Wilson 1917, p. 286.

第一章

一切皆变

生活习惯和思维习惯的一切改变都令人厌烦。*

——托尔斯坦·凡勃伦《有闲阶级论》（1899年）

未见其形，先闻其声，两只鸟发出尖厉聒噪的声音，从我头顶飞过，就像两只发狂的公鸡。噪声没完没了，我忍不住纳闷儿：怎么会有精神正常的人想在自己的房子里养这种鸟？然而，宠物交易的需求已经使大绿金刚鹦鹉从一个常见物种变成了濒危物种。我花了三年时间，研究它们在曾经的最佳栖息地的主要食物来源，不过，如今为了看到一只金刚鹦鹉，就需要花两天时间野外旅行，搭乘巴士、内河小船，最后还得来个机动独木舟才行。因此，当两只鸟突然从树顶腾起、飞越河面时，我感到了一

* Veblen 1912, p. 199.

种期盼已久的时刻终于来临的激动，我立刻明白了宠物爱好者为什么愿意忽略所有的吵闹扰攘。即便离得有点远，还是可以看到金刚鹦鹉那绚烂的绿色羽毛在阳光下闪耀，带着深红、栗色和棕色的波纹，嵌入宽大的蓝色羽翼，仿佛从天空到河流到雨林，目力所及的每一种颜色都被提取了出来，复现在它们的羽毛中。

我心满意足地看着这些鸟儿从河的尼加拉瓜一边飞到哥斯达黎加一边，越过一行低矮的山峦，不见了踪影。瞥见鸟儿重新安家的证据，似乎很适合为我的中美洲研究画上完美句号，本来这个研究也是想鼓励鸟儿重新安家的。不过，我并不是直接研究金刚鹦鹉的，我的工作显示，榄仁木——这种树的果实像杏仁一样，是这些鸟的食物——能够在彼此不相连的小片的森林中无限生存和繁衍，通过蜜蜂勤劳的授粉工作实现远距离彼此连接。这项研究发现推动出台了一部保护哥斯达黎加东部低地榄仁木的新法律，在那里，放牧和水果种植使雨林被牧场、道路和庄稼隔开，变得四分五裂。人们希望，只要留下合适种类的树，金刚鹦鹉就能回来，从它们在北边的栖息地——尼加拉瓜自然保护区（我去一趟可真是大费周章）重新回到老地方。事实证明，这一进程目前进展得还不错。未来几年，会有成百上千的鸟儿像我亲眼见过的鸟儿一样，穿越圣胡安河向南飞，让大绿金刚鹦鹉再次成为哥斯达黎加一些地方常见的鸟类（嗯，还有常听见的声音）。人们会简单地把这件事当成一个动物保护的成功故事来讲——返回的鸟儿不仅在榄仁木中寻找食物，还在树木巨大的树洞里筑巢、养育雏鸟。不过科学家们很快意识到，金刚鹦鹉和它们最爱的树的命运，其实是另一件事的更好例证，这件事不仅完全不同，还更重要。

回想起来，我发现“气候变化”这个词并没有单独出现在与我的榄仁木研究有关的诸多建议书、报告和同行评议论文中。当时，这个词似乎与这么一项具体、本地化的生物研究没什么关联性。但是，在研究过程中，我确实得到过一个具有启发性的提示，是同一个野外工作站的另一位科学家随口提到的。她的数据显示了榄仁木如何通过提高呼吸率来应对炎热天气，“呼吸”就是植物将氧气纳入细胞的过程。从某种意义上说，这些树木正喘得厉害。在一个变暖的世界里，这个迹象和其他一些应激迹象并不是好兆头，后来，气候建模师开始对中美洲进行预测，很明显，榄仁木处在极其险恶的环境中。一个专家告诉我“你研究的树可能不等21世纪过完就灭绝了”，还解释说，如果这个物种的分布范围向海拔更高、温度更适宜的地方移动，它就有可能存续下去。突然，一种几乎是事后想法的发现成了我最重要的工作成果——大型果蝠可以将榄仁木的种子散播到800米甚至更远之外。对于抗击炎热来说，这样够远够快吗？蝙蝠会向正确的方向移动吗？榄仁木能在已经满是树木的海拔更高的森林里站住脚吗？这一切对金刚鹦鹉意味着什么（它们也许会径直飞往凉爽的北方，而不受限于种子散播的缓慢速度）？金刚鹦鹉和榄仁木的故事表明的不是鹦鹉和树之间的简单对应关系，而是一个体现了不确定性的案例，也是不断变化的地球的象征。

作为一个生物学家，也许我不应该对榄仁木突如其来的困境

图 1.1　大绿金刚鹦鹉是中美洲最大的鹦鹉，它与榄仁木的关系目前尚不能确定［P. W. M. Trap, *Onze Vogels in Huis en Tuin* (1869). 生物多样性遗产图书馆］

感到惊讶。毕竟，变化位于进化的中心，而进化又是生物学的中心。“进化”（evolve）这个词本身就来自一个拉丁词，原意是“展现”，每个有机体都是这种不断变化的产物。物种诞生，不停地适应，产生新的事物，直到最后消失，而周围的世界还在继续。即便榄仁木未能抵达山脉下的丘陵地带，全部消失了，这也是十分正常的；灭绝是所有物种的宿命。虽然明知如此，但一想到我研究的这个大块头——这种树的直径差不多有 10 英尺*——可能很快就会消失，还是让我觉得头晕。这倒也不只是多愁善感或单纯的惊讶，抗拒改变是人类心理的一大特征。专家认为，这与我们在熟悉的环境中会产生本能的舒适和安全感，以及我们对社会凝聚力和一致性的需求有关。所以才会有卡通人物荷马·辛

* 1 英尺 ≈30 厘米。——编者注

普森（Homer Simpson）的台词所精准传达的那种情绪："不要新的破玩意儿！"

我当然不是第一个被环境变化的想法搅得心烦意乱的人。在人类历史的大部分时间里，人们更愿意完全摒弃"变化"这个概念，而认为自然界是永恒不变的。当然，季节会更迭，干旱或洪水也会偶尔来袭，但其中的土地、海洋和生物都还在。希腊哲学家巴门尼德甚至证明变化是不可能的。他辩称：没有什么能无中生有，也没有什么能出自已经存在的东西，因为"存在者存在"（what is . . . is）。*

亚里士多德发现这个论点还有些可商榷的余地，他提出，物体有可能改变种类，但基本的要素仍持续存在。比如，一颗橡实可以长成一棵橡树，铜可以熔化铸成雕像。这些说的都是日常生活中可以遇到的明显的变化过程，并没有挑战那种绝对的自然观。亚里士多德还提议按照严格的等级制度组织自然界，按照他的想法，植物等较为简单的种类要放到底层，动物（还有希腊哲学家）这类更高级的事物则要放到顶层。

后来的学者欣然接受了这个概念，还进行了发挥，在这个等级阶梯上给各种各样新发现的物种找位置，后来还加入了贵金属、行星、恒星这类东西，甚至还有各种天使。这种范式持续了近两千年，后来还在伟大的分类学家卡尔·林奈开创的分类体系中得到了回应。林奈在 1737 年写道：所有真正的物种"都已经

* Burnet 1892, p. 185.

被自然界固定的限制规定好了，无法超越”[*]，它们的数量“现在是一样的，以后也永远是一样的”[†]。不过，就在林奈写下这些话的时候，新的思想已经在动摇旧世界观的根基。恰好，有一些来自石头的证据证明，变化不仅是普遍的，实际上还是自然界的原动力，而石头一直被放置在亚里士多德等级表的最底端。

应该很少有人能读完詹姆斯·赫顿（James Hutton）1795 年出版的巨著——1 548 页的《地球论》（*Theory of the Earth*），更不要说他那本 2 193 页的《知识原理》（*Principles of Knowledge*）了。不过，即便这个苏格兰人的长篇大论如此令人生畏，也无法掩盖他著作中地质学主题的威力——大陆和岛屿的基岩在不断的侵蚀和沉积中形成，由地热得到巩固和抬升。与静态景观说不同，他提出了进行中的“世界更迭”[‡]说，而这种更迭是在漫长的时间里逐渐展现的。这在当时是一种很激进的观点，但是大不列颠激增的矿井却不断爆出充分的证据来支持这种观点。工业革命对煤炭和金属的需求无意中打开了通往“深时”的一扇窗，那些“有故事”的层层基岩由此暴露了出来。有些基岩中包含海相化石，证明了赫顿关于岩石（哪怕是那些在丘陵山区高处发现的岩石）是由海洋沉积物形成的观点。还有些石头里带有奇怪植

---

* 出自林奈 1737 年的《植物学评论》（*Critica Botanica*），其目的是要把（由上帝决定的）真正的植物物种与由花匠开发的很多人工品种区分开来。后者代表了“大自然的无限运动”，但他认为这些人工品种是短暂的，最终会回到它们真正的形态。Hort 1938, p. 197.

† Ibid.

‡ Hutton 1788, p. 304.

图 1.2　这张 16 世纪的图把自然界描绘成了一个不变的“伟大的存在之链”（Great Chain of Being），最底层是石头、泥土，往上是植物、动物和人类。这张图的上下边框是天堂和地狱（及其居民）[迭戈·巴拉德斯（Diego Valadés），《基督教修辞学》（*Rhetorica Christiana*）（1579）。盖蒂研究院]

物或陌生动物的遗骸，这说明在遥远的过去，生命和景观看起来是非常不同的。这就提出了一个显而易见又很麻烦的问题：这些物种去哪儿了？

当时，灭绝还只是一个纯粹的假设性概念，直到法国博物学家乔治·居维叶开始思考大象的问题。在赫顿推翻了地质学中的永恒观念后不久，居维叶就瞄上了生物学中的永恒观念。他对象牙化石进行了十分细致的研究，发现各类乳齿象和长毛猛犸象是极不相同的大象——不仅是彼此不同，而且与当时所有活着的大象品种都不同。他把它们称作“遗失的物种”，因为大象体型巨大，不可能看不到，所以质疑者很难争辩说猛犸象和乳齿象仍然存在于某个地方，只是人们还没注意到。[有趣的是，乳齿象爱好者、第三任美国总统托马斯·杰斐逊还让 1804 年的刘易斯与克拉克远征队（Lewis and Clark Expedition）队员彻底搜寻美国西部，看看有没有“可能被认为稀有或灭绝的”* 动物。] 居维叶将职业生涯的其余时间都用于彻底阐明自己的观点，描述从龟和树懒到翼手龙的所有灭绝种类。不过，他最经得起时间考验的贡献是，他发现物种并不是一个接着一个消失的。有时整个群落在化石记录中一下子都消失了，被更浅、更年轻的岩层中非常不同的生物群所取代。这就是他挑战赫顿地质学渐变说的著名观点，居维叶认为古代景观（及其所有栖息动物）遭到过一系列洪水或其他灾难的数次毁灭。这个理论作为一个通用理论，被命名为“灾

* Jefferson 1803.

变说”，最终被推翻了。正如赫顿所指出的，除了偶尔的地震或火山爆发，大部分地质进程其实是很缓慢的。不过，居维叶的化石表明，灭绝事件至少偶尔是很突然、范围很广的——这是第一个说明自然界能够发生迅速改变的迹象。这个观点让下一代最伟大的博物学家也纠结了很长时间。

赫顿和居维叶的理论不仅挑战了科学教条，还挑战了宗教规范，引发了数十年之久的争论。很多学者用宗教论据予以反击——如果岩石里有海洋生物的踪迹，那么它们一定是形成于大洪水期间，那些陌生的化石都来自当时没有登上方舟的生物。还有些人接受了古老世界的概念，但是对岩石的形成、化石的起源以及导致一个地质年代转向另一个地质年代的原因提出了不同的理论。此类争论令年轻的查尔斯·达尔文十分着迷，他在职业生涯早期花了大量时间研究地质学。他自称是赫顿观点的“狂热门徒”，当时赫顿的观点已由 19 世纪伟大的地质学家查尔斯·赖尔（Charles Lyell）（他也是达尔文的好朋友）进行了推广和扩充。* 达尔文在他的“小猎犬号”航行期间，收集了几千块化石和岩石标本（经常以牺牲动物学研究为代价），他还希望去

---

* 达尔文在 1835 年从“小猎犬号”写给亲戚威廉·达尔文·福克斯（William Darwin Fox）（他是神职人员，也是博物学家）的信中表达了自己对地质学的热爱。在信中，他提到了对赖尔观点的赞赏，还表示地质学“为思想提供的领域远远大于”自然科学其他分支。虽然后来被他的进化研究的光彩所遮蔽，但达尔文对南美地质学以及珊瑚礁和环礁形成的观察也足以为他赢得沃拉斯顿奖章（Wollaston Medal）——伦敦地质学会授予的最高荣誉。参见 Herbert 2005; Darwin Correspondence Project, “Letter no. 282,” accessed on September 3, 2018, www.darwinproject.ac.uk /DCP-LETT-282。

加拉帕戈斯群岛，那会儿倒不是冲着达尔文雀族去的，而是因为“那里有很多活火山”*。后来，他利用化石证据为自己关于物种形成的思考提供支持，阿尔弗雷德·拉塞尔·华莱士（Alfred Russel Wallace）也是如此。二人于1858年联名发表了关于自然选择进化的论文（次年，达尔文的《物种起源》发表），这对生物学而言，就像赫顿对地质学所做的事一样——都是将变化作为基本要素，并为其赋予一个令人信服的机制。但他们二位都认为变化的速度是缓慢、递增的，与当时认为侵蚀和沉积这类地质学力量是渐进性质的新兴共识形成了巧妙的互补。直到一个多世纪之后，生物学家们才开始意识到，在环境中，在演化中，在两种力量互动的过程中，变化可能会发生得很快。这一次又是这样——最初的发现不是来自对现代生物的研究，而是来自对石头、化石和巨大时间跨度的理解。

1971年，两位崭露头角的古生物学家在美国地质学会的年会上提出了“间断平衡”（punctuated equilibrium）这个词。奈尔斯·埃尔德雷奇（Niles Eldredge）和斯蒂芬·杰·古尔德（Stephen Jay Gould）从研究生时代开始就是朋友和合作者，他们当时是要从一个新颖的角度回答长期困扰古生物学界的一个问题：消失的环节在哪里？如果进化真的是缓慢、渐进的过程，那么不是应该有很多过渡物种的化石记录吗？然而，化石物种却往

---

* Darwin Correspondence Project, “Letter no. 282,” accessed on September 3, 2018, www.darwinproject.ac.uk/DCP-LETT-282.

图 1.3　艺术家、博物学家查尔斯·威尔逊·皮尔（Charles Willson Peale）在《美洲首只乳齿象的出土》（*Exhuming the First American Mastodon*）这幅画中，记录下了他自己 1801 年挖掘出最初被戏称为“美国不明生物”的生物的场景。化石的素描最后到了巴黎的乔治·居维叶那里，他确认这是一头乳齿象——最早被确切认定为灭绝的物种之一（马里兰历史学会）

往出现得很突兀，然后又持续留存在数千年甚至数百万年的岩层中，几乎没什么变化。达尔文已经注意到了这个问题，称之为“可以用来反对我的理论的最明显、最严峻的异议”*。他在《物种起源》中用了一整个章节来解释“地质记录的极度不完美”†，

* Darwin 2008, p. 279.

† Ibid., p. 279.

后来的人都依赖这种解释。由于岩石只能在恰当的条件下形成，而且只有很少的一部分岩石含有化石，所以绝大部分物种（以及过渡物种）没能被记录下来。在达尔文令人难忘的描述中，他写道："我看着天然的地质记录，仿佛一部没能完好保存下来的世界历史……只有零星的短章节留了下来；在每一页上，也只有零星的几行字。"* 埃尔德雷奇和古尔德没有质疑地质记录的局限性，但他们提出了过渡化石罕见的其他可能原因：快速进化。如果新物种是在迅速变化中出现，而不是在亿万年期间慢慢兴起的，那么，从地质学角度看，就没有时间让物种间的转化留下痕迹。

间断平衡论挑战了进化思想，但并未挑战进化论——自然选择和所有其他基本的达尔文原理仍然适用。不一样的只是速度。快速的活动突然出现（"间断"），然后是长期的稳定（"平衡"），这样的过程可以解释从三叶虫到马匹的所有物种的化石记录，支持者们开始广泛运用这种解释。† 批评者认为埃尔德雷奇和古尔德夸大或错误解释了他们的案例，把可能只是渐进体系中一些并不重要的断断续续给夸大了。这种争论还在继续，但无论这种模式是常见还是罕见，无论它到底是由什么造成的，间断平衡论都引入了一个重要的观念，那就是：演化的变化速度是有快有慢的，至少在某些时间里，变化是突然发生的。

---

* Ibid., p. 303.

† 有些人可能认为运用得过于广泛了。后来，从语言史到新技术的传播，什么都用间断平衡理论来解释，斯蒂芬·杰·古尔德也对此表达了困惑。尽管迅速变化和停滞的模式也许比较常见，他和埃尔德雷奇还是希望他们的理论仅用于在宏观进化的背景下解释个体物种的预期生命期限。

在两个世纪的时间里，科学界和大众的自然观逐渐转变，从自然是固定不变的到自然是一小步一小步缓慢改变的，再到自然能够迅速突然转变。生物学家发现自身的职能也相应扩大了。他们不再简单地进行物种分类，而是开始破解这些物种的历史和它们的关系，开始寻找进行中的演化有什么可衡量的迹象。动植物对周边环境如何反应？对彼此如何反应？是什么使一些物种有足够的适应力可以存续数百万年，而另一些物种（如榄仁木），似乎一点微小的变动都会令其受到伤害？是哪些条件激活了物种灭绝和演化速度的变化？所有这些问题都是随着另一种不断加强的认识逐渐提出的。在对全球各生态系统进行的一项又一项研究中，人们发现，有一个物种是促成变化的最重要的行为者。

传统的自然观没有考虑人类行为影响的重要作用。耕作、狩猎、伐木等活动可能会造成损害，但这些代价被视为仅限于一时一地。比如，纪功柱上描绘罗马皇帝图拉真（Trajan）征服达西亚的浮雕图案显示，树木繁茂的王国被夷为平地，野生动物都被抓起来献给获胜的军队。不过其中暗含着这块丰饶之地还会很快恢复原状之意——不然的话，达西亚又有什么好征服的呢？中国古谚云："留得青山在，不怕没柴烧。"直到19世纪，人们才开始认识到，谚语里说的那些山也并不是取之不尽、用之不竭的。工业化、城市化和人口增长都会带来人们可以直接感受到的环境问题，从空气污染和水污染，到缺少野生动物、耕地，还有木柴（没错！）。过度捕杀让物种是否会灭绝这个问题不再有争议，捕杀清除了旅鸽和大海雀这类常见物种，还有渡渡鸟这类备受瞩目的奇特物种。1819年，德国博物学家和探险家亚历山大·冯·洪堡（Alexander von Humboldt）警告称，砍伐森林会“为后代制造灾难”[*]，但当时的大多数人还持怀疑态度。而到了19世纪末，全球各国政府已经开始自然而然地留出公园、森林保护区和野生动物保护区了，越来越多的公民团体在为保护环境游说。而且，冯·洪堡的另一个见解也暗指了我们现在的困境，他说，工业中心释放的“大量气体和蒸汽”[†]正在改变气候。

要说清楚的是，冯·洪堡只是将工厂的排放视为一个地方性问题，认为其有可能会把热聚拢在大城市及其周围。他认为，更宏观的气候趋势取决于地理因素、盛行风以及其他“文明不会产生巨大影响的”[‡]因素。但是，随着工业化的推进、空气污染的加剧，越来越多的人开始思考文明的影响到底有多大。下风向对健康的影响促使欧洲和北美各地出现了“烟雾防治”协会，在19世纪50年代，一项对英格兰曼彻斯特尽人皆知的昏暗天气进行的研究证实，燃烧高硫煤导致了酸雨。与此同时，物理学家认定水蒸气和各类气体有吸热的能力，确认了它们具有调节大气温度的作用。几十年后，瑞典化学家、物理学家、诺贝尔奖得主斯凡特·阿伦尼乌斯（Svante Arrhenius）把所有线索归结到一起，提出人类对“煤炭、汽油等的消耗”[§]确实可以改变气候——

---

* Von Humboldt and Bonpland 1907, p. 9.
† Von Humboldt 1844, p. 214. Translation by Nina Sottrell, personal communication.
‡ Ibid.
§ Arrhenius 1908, p. 58.

不只是在一地的范围，而且是对整个地球都有影响。他预测“空气中的二氧化碳百分比每增加一倍，空气就会令地表温度上升 4 度”。[*]但是，不知道是出于乐观，还是因为怀有人定胜天的信念，或者就是因为他生活在寒冷的瑞典，阿伦尼乌斯觉得这种气温上升听起来挺棒的。他提出，人类诱发的气候变化会带来更好的天气和更高的庄稼收成，还有助于暂时避免再次出现冰期。[†]

当阿伦尼乌斯在 1896 年发表他的气候预测时，很少有人重视，半个多世纪之后，才出现了足够精确的设备来对这些预测进行测试和完善。但随着二氧化碳水平和全球气温开始明显一起升高，阿伦尼乌斯假定的基础要素成为气候科学的奠基石。不过，现代的研究者并不认同他对结果的乐观展望，而且，有一个关于气候变化的问题，这位富有远见的瑞典人显然是搞错了，那就是气候变化的速度。阿伦尼乌斯在斯德哥尔摩的一个公开论坛上阐述自己的发现时，曾告诉观众：人类活动会令 3 000 年后大气中的二氧化碳增加一倍。[‡]按照现在的排放速度，我们不到 30 年就能达到这个标准。地球的变化能力再一次超出了我们的预期，这让 21 世纪的科学家都不再问“突然的转化是否有可能发生”这

---

* Ibid., p. 53.

† 出于对冰川循环的兴趣（这是当时的一个热门科学辩论主题），阿伦尼乌斯创立了著名的气候计算方法。他主要侧重于研究大气二氧化碳的下降水平如何解释过去的冰期，又如何有可能触发一个新冰期，他认为冰期是一种重大威胁，可能会“将我们从自己的温带国家赶到更热的非洲气候中”。Arrhenius 1908, p. 61.

‡ 阿伦尼乌斯有点爱出风头、故作惊人之语，他的理论细节不是在一本正经的学术论文里透露的，而是 1896 年 1 月在斯德哥尔摩大学做通俗演讲时说出来的。Crawford 1996, p. 154.

种问题了，他们考虑的是，我们是否在经历这样的转化。

在人类思考自然的历史中，快速变化的概念仍然是一种相对较新的观念。这就是为什么当下如此关键、如此充满惊奇。现代气候变化将理论上的抽象变成了突如其来的现实，将过去全球巨变中很多塑造生命和景观的过程充分展现了出来。由于这本书要讲物种如何反应，所以我们不会讨论因果关系的复杂性（和争议）。毕竟，动植物不关心地球为何在变暖，即便这是自然趋势，它们的困境也还是一样。但是，气候变化的祸首（人们经常提到但是很少加以解释）需要进一步研究。

身为从事野外工作的科学家，我习惯于研究我能看到的事物。我愿意奔波好几天，只为去看珍稀鹦鹉飞越一条河，因为我知道直接的观察总是有助于我思考、理解、提出更好的问题。不用说，如今气候变化的结果已经在自然界中非常明显了——这就引起了一个很基本但经常被忽略的问题：到底什么是二氧化碳？还有就是，在哪儿能找到二氧化碳呢？

第二章

“恶气”

我们必须测量一切可测量的，还要努力让一切不可测量的变得可测量……*

——献给伽利略

托马斯-亨利·马丁《伽利略》(1868年)

我中学化学课本中的二氧化碳分子插图是两个小红球(氧)夹着一个大黑球(碳)。当时，我觉得它看起来很像红眼果蝇的头，我们之前那个学期的生物课一直在学这个物种。画上点上颚，再加上一对触角，就成了一个完美的头像！这种联想在我头脑中挥之不去，后来，当二氧化碳与气候变化联系了起来，变得

* 这句话的各种版本经常被错误地直接安在伽利略身上。实际上这句话是解释伽利略的科学方法的，出自他的一个传记作家、法国学者托马斯-亨利·马丁。Martin 1868, p. 289; translation by S. Rouys, personal communication.

臭名昭著，我脑中的场景就成了全世界的汽车排气管和烟囱都在没完没了地往外喷成群的小苍蝇。这是一个生动的画面，却并没有告诉我多少关于这种气体的知识。由于比甲烷或其他温室气体成分更稳定，量也更大，二氧化碳立刻变得又不吉利又重要，成了全球的威胁，不过它凑巧也是地球上生命的构成要素之一。随处可见的它相对容易被找到，所以它也是最先被辨识出来的大气气体。实际上，在发现二氧化碳之前，科学家们都不太确定大气到底是什么，也不确定大气中是否含有任何可测量的东西。

1767 年夏天，著名的英国神学家、自然哲学家、全能博学家约瑟夫·普里斯特利（Joseph Priestley）有了点空闲时间。他在利兹担任牧师，工作轻松，大部分时间都是空闲的，他利用这些时间思考、写作和修修补补。由于他写书、写论文已经把从语法到电学的题目都写尽了，他选择将当时被称作“气体化学”的激动人心的新领域作为下一个研究课题，也就是研究各种气体。如一位传记作家所言，这个决定激发了“无与伦比的智力火花”*。短短几年时间，普里斯特利就认定，空气不仅是可测量的，而且是复杂的——由不同的成分充分混合而成。他沿着这个方向走下去，后来成为分离和描述氧气和十种其他常见气体的第一人，更不用说他还揭示了光合作用背后的基本化学原理。不过这一切都始于他对一种东西的好奇，那就是被矿工称为“窒息气”的东西，更有诗意的一种说法叫“恶气”，指的是煤井底部聚集

---

* Johnson 2008, p. 41.

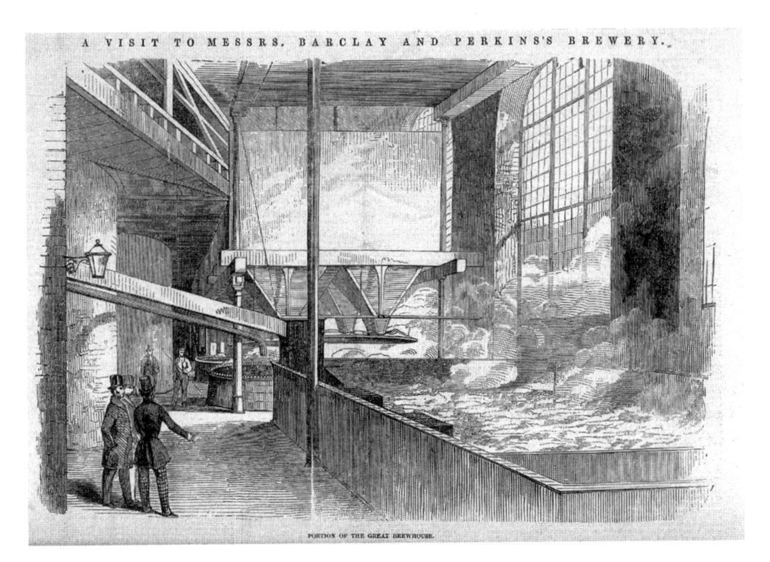

图 2.1　啤酒的发酵会产生大量的二氧化碳作为副产品，为约瑟夫·普里斯特利的气体实验提供了一个现成的实验室。巴克利和珀金斯啤酒厂（1847 年）（惠康收藏馆）

的一种看不见、令人窒息的气体。那之前不久，苏格兰化学家约瑟夫·布莱克（Joseph Black）在实验室里加热小块的白垩和石灰石，把烟收集到一个瓶子里，烧出了一些这种气体。而普里斯特利的幸运在于，还有一个地方可以产生这种气体，而他恰好就住在隔壁。

他回忆道："因为在一个公共啤酒厂隔壁住了一段时间，我忍不住做了些实验。"* 在那里，普里斯特利发现，发酵麦芽啤酒的大桶上方就有现成的这种气体，"通常在 9 英寸或 1 英尺深的

* Priestley 1781, p. 25.

地方，不管什么类型的东西都很容易放置在那里”。[*]在接下来的几个月里，他在那个冒着泡的区域放置了各种各样的东西：蜡烛、拨火棍、冰、松香、硫黄、乙醚、酒、蝴蝶、蜗牛、薄荷枝、各种花，还有至少一只“大个儿的强壮青蛙”[†]。也许唯一比普里斯特利的好奇心更没有限度的，就是酿酒商的耐心了，他竟然能纵容他们这位古怪的牧师，要知道有时候实验会出错，给啤酒留下“一种特别的味道”[‡]。正如之前的观察者一样，普里斯特利立刻注意到，这里的气体似乎缺少了什么。蜡烛的火苗在里面会熄灭，动物在里面待一小会儿就会陷入窒息。（还好“强壮青蛙”得救了，在几分钟后就苏醒了过来。）不过普里斯特利也认识到，这种神秘的气体中不只是缺少“正常的”空气——它有不同寻常的特质，本身就十分独特而有趣。他发现它能使玫瑰花瓣褪色。他发现它很重，他观察到烟被裹在这种气体里，从桶边流下，聚集在啤酒厂的地板上。最出名的是，他发现了如何迅速在水中溶解这种气体，制作一种带有“令人愉悦的酸味”[§]的气泡饮料。这项突破为普里斯特利赢得了由英国皇家学会颁发的极具声望的科普利奖章（Copley Medal）。[¶]企业家约翰·史威

---

* Ibid., p. 25.

† Ibid., p. 36.

‡ Ibid., p. 35.

§ Ibid., p. 28.

¶ 普里斯特利发现碳酸水最初让英国皇家海军的医生十分兴奋，他们错误地以为这有望用于治疗坏血病（维生素 C 缺乏症）。当时，就像现在一样，医学进步被视为资助和追求科学的主要理由，约瑟夫·布莱克开始研究二氧化碳就是为了寻找治疗膀胱结石的方法。

图 2.2 碳酸水的发现归功于约瑟夫·普里斯特利，但发现其巨大经济价值的是约翰·史威普。图为 1883 年的广告（大英图书馆）

普（Johann Schweppe）则赚到了更多钱，他复制普里斯特利的方法，创建了汤力水和苏打水公司，这家公司至今仍以他的名字命名（Schweppes，即“怡泉”）。由于有这些早期的进展，人们对“恶气”有了不少了解——包括它的味道，直到很久之后，化学家才提出了“二氧化碳”这个名字。

普里斯特利关于气体的书在出版近两个半世纪后，读起来仍然是那样激动人心。在 12 月一个狂风大作的上午，我完全被他的热情感染，十分想体验一下他在啤酒厂的那些发现。我的儿子诺亚自愿成为“共犯”。小学生诺亚刚好没去学校，在家待着，因为他得了一种恰到好处的感冒——病得足以不用上课，又健康得足以享受休息。我对他说：“我们来找一些二氧化碳吧！”于是，游戏开始了。

我们本可以打开几罐饮料收集气泡。（架子上还真有几瓶怡泉。）但是，靠碳酸饮料来获得二氧化碳未免太像作弊了。我们家熊熊燃烧的炉子冒出来的烟里肯定含有我们想要的气体，但我们要如何过滤掉6种或更多的其他气体、化学物质和有害微粒呢？看起来最好还是仿照普里斯特利的例子，去利用地球上最纯净、最常见的二氧化碳来源。于是，我们走向了冰箱。

事实证明，除啤酒桶以外，发酵还发生在很多地方。* 酸奶和奶酪制作者管这叫“培养”，但更确切地说，它是一种缓慢的微生物消化形式，也就是细菌和其他微生物从它们所寄居的食物和周围的食物中摄取、利用能量的一种方式。与任何形式的消化一样，这是一个制造垃圾的过程。对美食爱好者来说，幸运的是，发酵的副产品包括酒精（于是有了啤酒）和乳酸这类东西，为泡菜和白脱牛奶这类发酵食物增添了天然的酸甜味和辛辣感。大部分发酵还会产生二氧化碳，于是我仔细探了探我们家冰箱的深处。一盒有机酸菜上面写着：“益生菌出击！”还宣称：“都

---

* 尽管发酵一般都与微生物有关，但其实发酵是一种基本的、广泛的代谢活动。人类肌肉在血氧量变低的时候也会利用这个活动，这就是为什么在长时间跑步或做其他运动后，会出现乳酸堆积乃至抽筋的情况。酵母也依赖发酵，产生的二氧化碳会让面团发起来，形成的小泡泡会在之后烤好的吐司上留住融化的黄油和果酱。

是活的！”但是，这盒酸菜可能携带的任何生物早已摆脱了尘世的烦恼，不再产生二氧化碳了——在这盒很咸的混合物上方点燃一根火柴，烧得那叫一个旺。酸奶和酸奶油的实验同样令人失望。不过，随后，我们的运气来了。

在底层架子上，几包胡萝卜和芹菜后面，有一罐自制泡菜。这些泡菜从8月份以来就一直泡在那里，味道像酵母，还有点酸，这说明真菌已经加入了细菌的消化事业。坦白地讲，这些泡菜早该扔了，不过这一次，懒于做家务却得到了奖赏。我和诺亚刚把一根火柴靠近打开的盖子，火苗就演示了为什么二氧化碳是这么常见的灭火器成分。由于没有氧气可供燃烧，火柴立刻熄灭了，就像我们关掉了开关一样。而且，烟从熄灭的火柴头向下旋转着，被裹在气体里，与普里斯特利描述的一模一样。“它流下来了！”诺亚惊叫着，注视着几缕烟随着罐沿上比较重的气体向下流到了厨房的台面上。

“这就是了，”我告诉他，“你看见了二氧化碳！”

他马上提醒我，我们要找的东西是看不见的：“我没有看见二氧化碳，爸爸。我看见的是烟。”但是正如普里斯特利在我们之前所做的，我们可以利用烟来观察这种气体，在它流下罐子和绕着罐子旋转时确定它的边界。在这几分钟里，我家的厨房充满了发现的兴奋，我们一根接着一根点燃火柴，观察它们熄灭和阴燃，直到所有的二氧化碳都消散在周围的空气中。

简单的实验往往能让人想得更远，重复普里斯特利的发酵实验引出了一个显而易见的问题：泡菜能导致气候变化吗？酿造啤酒呢？答案当然是：不能。但是，理解为什么有些碳排放是无害的，而另一些却是有害的，可以揭示关于气候变化的一个基本事实，而人们很少停下来思考这个问题。

就我家的泡菜罐子来说，碳来自盐水里的黄瓜，黄瓜是去年夏天从我家花园的空气中获取碳的。就像任何地方的植物一样，它们的生长依赖光合作用，也就是叶子通过来自太阳的能量，将二氧化碳和水结合起来，制造出淀粉的过程。（换言之，二氧化碳将碳放入了碳水化合物。）当那些淀粉分解时，二氧化碳又回到了大气中。这就是我们最熟悉的地球的碳循环步骤，因为我们每时每刻都在其中扮演着角色。无论我们是吃植物，还是吃那些吃了植物的动物，为我们的身体提供动力的那些能量，都可以溯源到光合作用产生的淀粉，而且我们每一次呼气都在释放二氧化碳。但是，就气候变化而言，呼吸就像腌制泡菜或酿造啤酒一样无罪。那是因为我们的身体只是碳从空气中进入植物和动物再返回的不断循环过程的中转站，没有净损益。如果只是这样，地球就不会变暖，我也不会写这本书了。现代气候变化的真相取决于一个关键事实：不是所有植物都会分解。

想想泡菜。趁着新鲜被吃掉的黄瓜或烂在花园里的黄瓜立刻释放了它们的碳，但这个过程在盐水罐子里被大大地减缓了。在适当的条件下，这个过程还能完全停止。在自然界，这种情况主要发生在两个地方：海底和松软的湿地。有时候，一大团海藻死掉后沉到海床，没等被吃掉或分解就被埋了起来；沼泽里死掉的植物也有可能堆积起来而不怎么腐烂，形成一层又一层的泥炭。

不论哪种情况，如果这些有机沉积物的上方和周围形成沉积岩，它们的碳就会被困住，从大气中消失数百万年。经过热、压力和岁月的转化，这些古代植物成了现在我们所熟悉的化石燃料——石油（来自藻类）、煤炭（来自泥炭）、天然气（来自藻类或泥炭）。它们燃烧的时候，会使积存的二氧化碳立刻返回到空气中，令自然循环难以应付，导致现在出现的很多后果。

从学术上说，我在读到约瑟夫·普里斯特利的实验之前早就知道这些了。我还知道碳会通过其他方式在环境中穿行，比如腐蚀和火山活动，碳会被关在贝壳和珊瑚沉积物形成的各类石灰石中。（普里斯特利的啤酒厂试验对气候而言还是良性的，而约瑟夫·布莱克的实验涉及燃烧白垩和其他形式的石灰石，这是水泥生产的关键步骤，是人们将古代的碳重新放回大气的另一种方式。）不过，找到一种无害渗入我们家冰箱的二氧化碳来源，让整个循环变得非常生动，这还说明了正常的日常碳来源与造成种种麻烦的化石碳来源之间的区别。我们的实验结束后，我和诺亚仔细封好了泡菜罐子，又把它塞回了冰箱，希望它很快还能再次充满气体。还有一个关键证据，我想亲眼看看。

普里斯特利的发现公布之后，约翰·史威普又在欧洲各地兜售他的商品，也就难怪其他科学家很快开始研究这种很容易获取的气体了。爱尔兰物理学家约翰·廷德尔（John Tyndall）向前又跨了一步：他发现二氧化碳吸收辐射热，而正是这一特点使二氧化碳置身于现代气候变化的中心。我读了他关于这个课题的论文，很快就意识到，要复制他的实验是不可能的。廷德尔将他的

图 2.3　约翰·廷德尔在伦敦的公开演讲吸引了很多人，他的名气不仅来自他的科学观点，也来自他为了验证自己的科学观点而设计的巧妙仪器。《伦敦新闻画报》（*London Illustrated News*, 1870）（维基百科）

气体样本隔离在一个手工制作的铜铁管里，这个管子十分精巧雅致，现在成了英国皇家学会的永久展品。不过，虽然我的泡菜罐子只是廷德尔著名实验用具的粗糙替代品，但这位老物理学家可能会嫉妒我的热源。当他挣扎于难搞的金属板和装满热油的立方体时，我却可以受益于电力以及本人在养小鸡方面的不少经验。

每次我们家订购一批新的母鸡，寄来的都是直接从孵化场出来的日龄小鸡。（美国邮政服务禁止邮寄活的动物，但有几个例外，包括家禽幼雏、蜜蜂，还有一个挺神秘：蝎子。）最初几周，这些小鸡会住在我们的客厅。为了代替母鸡给它们保暖，我们会在它们的纸盒上方悬挂一盏加热灯，通过调整灯的高度，达到合适的温度。如果灯太低，小鸡们就会匆匆离开发光的灯泡，又热又喘。如果灯太高，它们就在灯的正下方冷得挤作一团。只要稍加调整，就很容易操控盒子的气温，使环境温暖舒适。再稍加调整，这个系统在测试热对二氧化碳的影响方面就大有可为。我唯一需要做的就是把小鸡换成泡菜罐子。

说实话，我的预期非常低。约翰·廷德尔花了好几个月的时间发明和调整他的设备，而现代实验室更加复杂。想到气候变化最重要（而且常常是具有争议性的）的前提能够如此轻易地用家里的闲置物品再现，似乎有点荒唐。不过我使用了能采取的预防措施，将冰箱里的旧泡菜与一个相同的、装入新鲜未发酵黄瓜的"控制组"罐子进行对比，而且总是在测量之前移除盖子，避免压力的竞争效应。（气体在压力下温度会升高。*）在灯下半小时后，我测量了两个罐子里的温度——用了 4 个不同的温度计，就是为了保证测量结果准确。令我惊讶的是，发酵的泡菜上方的空气温度总是要高 0.9 摄氏度。几分钟后，二氧化碳消散，罐子的温度又一样了。为了确保这不是偶然现象，几天后我又重复了实验（给泡菜微生物产生更多气体的时间），也得到了完全相同的结果。就像地球大气层的缩影，加入了额外二氧化碳的罐子确实能比只有空气的罐子困住和保留更多的热。温度差虽然很小，却

---

* 讽刺的是，压力和热的关系，很多人是从内燃机的工作原理熟悉的。汽缸里的活塞对混合着燃料的空气施加压力，使其达到很高的温度。汽油发动机用火花塞点火，但柴油发动机只依靠压力产生的高温燃烧。

更能说明这样的道理：当说到气候时，看起来最微小的调整，也能产生明显的后果。

不经意间，泡菜罐子实验不只是提供了二氧化碳的操作经验，还让我对“生物在迅速变化时期所面临的挑战”的思考更加清晰了。当我第三次重复这个温度实验时，我注意到泡菜失去了那种熟悉的辛辣香气。尽管距离我上次打开罐子已经过了好几天，但罐子上方点燃的火柴发出的摇曳火光说明，里面已经不再产生二氧化碳了。显然，反复在冰箱的寒冷和灯的热度之间来回折腾，盐水里的微生物支撑不住了：已经没有微生物活下来继续参与发酵过程了。这是一个严酷的提醒，所有类型的生物——即便是耐盐细菌——要应对不稳定的气候都是很艰难的。热浪、寒潮以及其他极端气候事件已经成为现代气候变化的特点——当然，不是在泡菜罐子里，而是在全球生态系统中。这些事件引发了大范围的焦虑（也带来了一些机遇），它们是气候变化生物学探索的绝佳起点。

挑战（和机遇）

面对，永远都要面对，这样才能挺过去。

——约瑟夫·康拉德

《台风》（1902 年）

谁都会玩西洋跳棋。至少我是这么以为的，直到我在哥斯达黎加郊外坐下跟我的一个田野调查助手玩了一盘。我本来以为棋子只能往前走，结果它们突然到处走，几分钟内就把我这一边的棋盘席卷一空。我想把失败归咎于自己西班牙语不好，但实际上，我可能永远都赢不了他，即便我学会了当地的玩法也不一定能赢。当有人改变了你习惯的规则时，你自己旧的习惯和策略很难随之调整。在自然界中也是如此，气候变化正在改变全球物种的竞争环境。随着环境的改变，动植物要跟上节奏，面临四大挑战……

第三章

正确的地点、错误的时间

我们在冬日里徘徊，而春天却已到来。

——亨利·戴维·梭罗《瓦尔登湖》(1854 年)

“你应该昨天来，”在观景台，旁边有个女人对我说，“昨天的天气能穿 T 恤！”

我眺望了一下结冰的池塘，池边还有一圈冬天光秃秃的树，她这么说似乎令人难以置信。但此话却也并非虚言：在我到达马萨诸塞州的 24 小时之前，温度计最高跳到了 18 摄氏度，是有记录以来 2 月初的最高值。现在，气温又恢复了正常，在冰点附近徘徊，一阵冷风带来了南边的云。这种天气下，得靠不停活动来保暖，于是我迈着轻快的步伐沿小路走起来，内心升起越来越强烈的期待感。对于博物学写作者来说，来这条路上走一走就跟朝圣差不多。

瓦尔登湖最宽处还不到 800 米，但它在环境文学史中占据的位置可要大得多。实际上，当亨利·戴维·梭罗选择到这里隐居以躲避 19 世纪社会的喧嚣时，现代美国的自然写作也由此开启了。他在 1854 年的回忆录《瓦尔登湖》里思考了从人头税到巴黎时装的各种问题，但大多数人记住这本书，是因为其中对我正在穿行的这处风景的生动描写。如果梭罗能来和我一起走，他一定能认出许多熟悉的场景。附近大部分地方仍然是一派郊野景象，树木繁多，当我走到他的小屋旧址时，我看到屋子周围仍然环绕着高高的松树和红橡树。不过，作为一个一心想要独处的人，梭罗可能会对如今这里如此缺少孤独感到惊讶。现在瓦尔登湖被评为全球旅游胜地，即便是在一个冬日，也能看到参观者名册上记录着来自中国、以色列和白俄罗斯的远方来客。从附近的波士顿过来的旅游大巴有一个专门的落客点，就在礼品店旁边。

然而，瓦尔登湖会最令梭罗感兴趣的变化，可能不是与人有关的，而是与他了如指掌的森林有关。那是因为，他的日常生活不只是思考、阅读和侍弄侍弄豆子。他也是一个对周围的植物和动物巨细无遗、几近痴迷的观察者。什么鸟儿在歌唱？野花何时盛开？哪些水果成熟了？谁在吃？哪一天第一批叶子出现在树上？哪一天最后一批叶子掉落了？梭罗在长时间的林中漫步中注意到了所有这些事。他还把每一件事都记录了下来。

理查德·普里马克（Richard Primack）回忆着第一眼看到梭罗数据时的情景，告诉我“那是一个金矿”：一行又一行手写的花卉观察，按照物种和日期列出，简直就像我们现在用的电子表

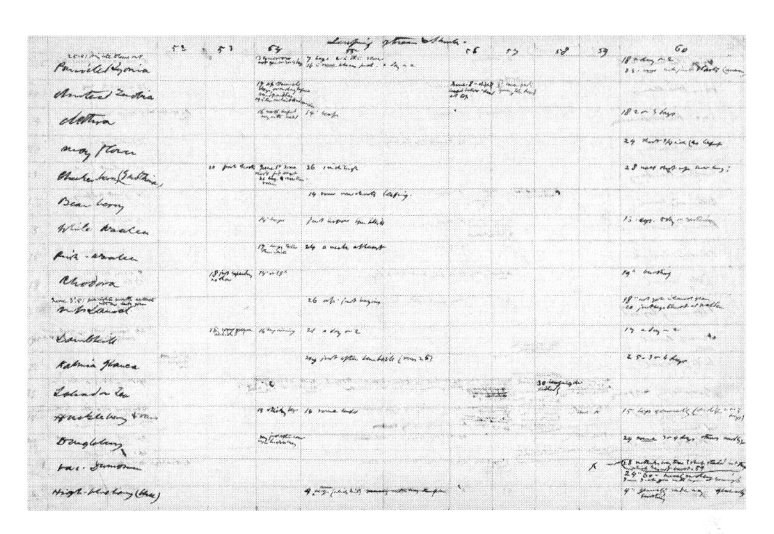

图 3.1　亨利・戴维・梭罗认真地记录了瓦尔登湖和周边乡村的植物和鸟类数据，在横行和竖列按日期和物种列出了他的观察，就像我们现在用的电子表格（摩根图书馆与博物馆 / 艺术资源，纽约）

格。当时我们在普里马克的波士顿大学办公室里说话，屋里摞满了书和论文，没有落脚的地方。这样的杂乱似乎与梭罗的简约信条大相径庭，但这两个男人在收拾房间上的迥异风格掩盖了他们相同的志趣。“我真的考虑过要把他列为共同作者。”普里马克笑着说。如果他真这么做了，梭罗现在就会位居 21 世纪最多产的气候变化科学家之列。他的专业方向将和普里马克一样，也就是物候学（phenology）——研究自然界的季节事件。phenology 这个词源自希腊文，意为“出现的东西”，它天然带有一些奇妙的意味，就像在“非凡的事物”（phenomenon）这个词里一样。发现梭罗数据本身就是一件意想不到非凡之事，更何况发现者还是一个热带植物学专家。

在解释为何突然转变自己的研究方向时，普里马克提到了政治和资金的问题，说："其实是因为当时在婆罗洲工作变难了。"不过同事们还是对他突然放弃研究了几十年的热带雨林，开始在瓦尔登湖的树林里闲逛感到震惊。他说："他们说我疯了，但我看到了一大堆神奇的机会。"21 世纪之初，很多人开始谈论气候变化对物候学的影响，但北美洲东部几乎没有人真的去野外寻找证据。普里马克是带着一个研究生从统计春天的野花开始的。在发表了很多文章、进行了很多合作之后，这个项目还在发展壮大。"这是我职业生涯中最多产的一段时间，"他带着些许困惑的神情对我说，"在我 69 岁的时候！"

穿着帅气的运动夹克，加上些许稍显狂野的白发，普里马克看起来既像一位植物学家又像一位梭罗学者，可以肯定地说他现在是两种特质兼具。不过他最初决定把瓦尔登湖作为研究重点，倒不是因为那位著名的前房客。他选择这里是因为这里相对而言未遭破坏，离波士顿很近，还被很多现代博物学家大量记录过。普里马克原本并不知道梭罗未发表的物候学记录——没有科学家知道这回事。这个项目都已经开始了，一个哲学系的朋友（此人恰好是研究梭罗主义伦理学的）随口一说，才提醒了他野花数据这回事，这些数据保存在纽约的一个图书馆里。后来，同样的机缘巧合开启了梭罗鸟类观察的宝藏，相关资料作为收藏品保存在哈佛大学。我跟普里马克交谈时，他正在梳理另一批珍宝——梭罗关于季节的未完成著作，他从中挑出了春天最早一批叶子出现在各种乔木和灌木上的日期。梭罗的记录加在一起，构成了北美洲最早的物候学详细记录。它们与气候变化极其相关，因为它们不仅记录了哪些物种在开花、发芽、在树林中飞来飞去，还详细记录了这一切发生的时间。这些时间是迁移、生长和繁殖这类重要生物事件的核心问题。当气候开始变暖，这类时间就是最先发生变化的要素之一。

普里马克告诉我："温度是决定植物在春天何时开花的重要驱动力。"温度也决定着很多物种何时生出叶片，昆虫何时出现。结合当地的天气记录和梭罗的数据，并与近期的观察相对比，普里马克和他的团队证明了瓦尔登湖某些物种的开花时间提前了 4 周多。梭罗喜欢的 5、6 月开花的紫罗兰和酢浆草现在 4 月底就开花了，他所说的柳树"早春的金黄味道"* 如今在 3 月也肯定能品味到了。我来参观瓦尔登湖有点太早了，柳树还一丝味道也没有呢，不过普里马克的研究表明，冬天的条件也很重要。† 尽管我错过了一天能穿 T 恤的天气，但有一个明显的现象我还是可以轻易判定的。

1857 年 2 月，梭罗估计瓦尔登湖的冰层厚度超过 0.6 米。他经常横穿冰面，还描述了切冰的人如何把大块的冰拖上雪橇，用锯子和尖头杖把生意做得风生水起。我走到冰冻的湖边时，有块

---

* Wisner 2016, p. 24.

† 普里马克的团队发现，瓦尔登湖的冬天也在变热，但在 1 月气温还是很低的几年里，不管春天多么温暖，某些植物还是延迟了开花的时间。还有一些研究发现，秋季的环境和春季开花之间有联系，这说明全年的环境变化都能够影响某个季节的生物事件。参见 Miller-Rushing and Primack 2008。

牌子写着“冰面危险”，还画了一个火柴人掉进了冰窟窿，两只胳膊在小圆脑袋上胡乱挥舞。都不用冒险往里走，我在池边毫不费力地用一根棍子给自己拨出了一小块冰。它的厚度还不到5厘米。

过去160年里，瓦尔登湖周围的平均温度上升了2.4摄氏度，春季常见植物的花期提前了7天。* 在生物学意义上，这是一种很快的变化，不过，如果不是背后还有很多原因，这种变化可能还是一种挺符合人们期待的变化——冬天更短，4月的花更多，瓦尔登湖大受欢迎的游泳季可能也会更长。不过自然系统几乎从没那么简单过，普里马克的团队很快注意到了另一个重要模式。更早开花的植物（比如酢浆草）往往相当常见，但仍旧按原来时间开花的植物（包括玉凤花和山薄荷这样惹人喜爱的植物）却很难找到。实际上，很多物种完全找不到了。经过数年详尽的调查，普里马克和同事们得出结论，在梭罗发现的植物品种中，已经有200多种在瓦尔登湖一带消失了。有些品种的消失肯定与开发和人类对景观的其他改变有关——更多的房屋、公路，还有污染；湿地和家庭农场减少。但是，气候变化以更温暖的早春的形式，给这一系列因素增加了一个最重要的挑战。

普里马克告诉我，他从研究中获得的关键信息之一就是“灵

* 在相同时期，瓦尔登湖的变暖超过了全球平均程度（温度上升0.8摄氏度），表明地球上某些地方变暖的速度远远超过其他地方。瓦尔登湖的气温上升也受到了波士顿及周边地区城市化的影响——植被减少，吸热的道路和建筑物遍布各处形成“热岛”效应，让城市明显比周围的乡村温度更高。

图 3.2　商业切冰人曾经从瓦尔登湖挖冰出来，这让梭罗沉吟道：“查尔斯顿和新奥尔良，马德拉斯、孟买和加尔各答，这些地方热得难受的居民，都在我的井旁饮水。”[*] 我 2 月份去的时候，那里的冰只有 5 厘米厚（照片来源：索尔·汉森）

活性”。他解释了某些物种如何天然具有一种应对温度变化的能力：当天气变暖时它们就变绿、开花，不管什么日期不日期的。当气候稳定时，这种性状不算什么[†]——大家都是按照同样的总时间表行动。但当温度开始上升，那些灵活的植物就拥有了优势，它们可以比更保守的物种提前几天或几周开始生长、开花和存储能量。很多慢性子植物无法弥补落后的劣势，最终只能给反

---

* Thoreau 1966, p. 197.

† 在气候开始变暖之前，对气温变化的迅速反应甚至有可能是有害的。普里马克告诉我，“新英格兰地区有全球温带森林中最多变的天气”，他解释道，如果天气变暖得早，很容易跟着发生冰冻或降雪。他推测，比较保守的植物可能曾经因为小心谨慎而受益。他开玩笑说：“它们就像新英格兰人，不想上当！”

应更及时的邻居们让路。在某些情形下，整个群落都会遭殃。例如，落叶乔木下的野花曾经可以在头上的树冠长满之前享受数周的阳光。结果大部分树木更加灵活，在温暖的春日迅速生叶，用树荫遮住了下面所有的生物。由于被剥夺了早期的光合作用促进效果，现在这些花要完成正常的生长和开花都很困难，有些还会能量不足、无法结籽。能否在梭罗的树林里生存，似乎越来越取决于跟不跟得上邻居的节奏。正如普里马克所说："不能早早生叶的植物就败下阵来。"这提醒我们，气候变化改变的不只是温度——它还影响了关系。

在离开瓦尔登湖之前，我绕回去寻找梭罗种豆子的地方。尽管这项事业给他带来的净利润还不到 9 美元，他还是在那儿花费了大量时间，用一把简单的锄头，人工栽培"7 英里"[*]密集的庄稼。（我妻子，一个园艺铁粉，对这个数字表示质疑。）现在这里树木茂密，已经看不出曾经种植过经济作物的迹象了，虽然当时收成也不怎么样。不过，来了一只红腹啄木鸟，这说明如果你知道在哪儿找，这里还是能找到食物的。它落在一棵橡树灰色的树干上，向上跳了两次，然后停下来转头仔细看了看四周，好像在看是否有人偷窥。显然它很满意，于是从树皮的一个深深的夹缝里叼出一颗藏着的橡实，吃了起来。

把多余的坚果和种子藏起来，并且记住藏在哪儿了，这让各种啄木鸟、松鼠和其他拥有超前思维的物种拥有了可以自己控制

---

* Thoreau 1966, p. 103.

食物供应的罕见能力。找不到什么吃食时，它们总是可以享用自己储备的存货。不过大部分鸟类、走兽和昆虫都没有这种退路，必须不断四处觅食才能生存。这就使得像迁徙和繁殖这类对身体要求比较高的活动必须在食物充足的时期进行。但是，正如瓦尔登湖的植物数据清楚表明的，气候变化已经在严重影响时机，而且并非所有物种都会做出相同的反应。实际上，有些生物甚至没有反应。

梭罗曾将春日的鸟鸣称为“大自然最壮丽的声音”，[*]他对各种鸟鸣的了解使他能够追踪每年从南方飞来的候鸟。表面上看，他收集的鸟类数据跟他的植物观察很像，都是长长的一行又一行手写名称和数据。但是，相似之处也就仅此而已，因为，虽然对一般植物来说春天来得更早，但鸟类还是按照梭罗时代的时间表出现的。[†]无论是从热带地区还是从近在咫尺的地方迁徙而来，鸟儿们接受的提示都不是温度，而是光线，促使它们投入行动的是每年春天白天变长了。这是气候变化压根儿不会改变的一点。由此产生的差异为生物学家所说的“时间错配”创造了条件——比如，富含花蜜的花朵在蜂鸟到来之前就开花了，饥饿的燕群错

---

* Thoreau 1906, p. 349.

† 将梭罗的鸟类观察与现代数据进行比对，可以发现气候对迁徙的一种影响：有些鸟不再费心迁徙了。黄昏雀鹀、紫雀以及其他习惯于至少往南飞一点以躲避严冬的物种，现在一整年在瓦尔登湖都生活得很舒服。如果梭罗看到我看见的那只红腹啄木鸟，他也会感到惊讶，那是一种南方物种，近几十年，它们的生存区向北移动了几百英里。尽管这种趋势可能跟后院放的鸟食槽和其他郊区的机会有关，但各种研究指出，主导因素还是气温更温和了。参见 Kirchman and Schneider 2014。

过了昆虫孵化的时间。长期以来习惯于彼此交互作用的物种要么反应速度不同，要么反应所针对的刺激因素不同，于是，它们往往来对了地方，却来错了时间。

错配的潜能是巨大的，其波及面远远超出了瓦尔登湖的树林。科学家们发现，在能找到旧数据集进行对比的几乎任何地方的春季物候中，都有同样的趋势。在美国中西部，基准是另一位环境界著名人物奥尔多·利奥波德（Aldo Leopold）提出来的，他注意到了 20 世纪 30 年代发生在他的威斯康星州小屋周围的一些春季现象。英国的记录至少可以追溯至 1736 年，当时诺福克郡的博物学家罗伯特·马森（Robert Marsham）开始进行一个题目为“春天的迹象”的观察记录，这是一项长达 60 年的工作，追踪从萝卜花到第一片悬铃木叶子，再到欧夜鹰的歌声等各种事物出现的时间。令事情更复杂的是，春天并不是唯一在变化的季节。普里马克的团队最近将注意力转向了秋天，果实成熟和叶子掉落的时间出现的变化，正在颠覆从种子传播到开始冬眠的一整套关系。夏季变长、冬季变短也引起了一些后果，所有这些物候变化在某些生态系统中会更为极端。例如，阿拉斯加北极苔原的秋季温度最近总是大大高于正常值，高温甚至延续到深秋，以至于一个气候监测站的电脑以为数据错了，自动删除了数据。*

在我们自己的生活中，出人意料的时间变化经常会导致一系

---

* 参见 Fritz 2017。

列连锁后果。第一趟航班延误，可能会导致错过转机，以至于到达得比预计的晚，不得不取消预约，迅速重新调整计划。如果是在假期，我们可能还有调整日程的灵活性。但是，如果我们是要去参加重要的、事先安排好的活动，比如婚礼或面试，风险就变得高多了。在物候变化的世界中，动植物也面临着类似的挑战，物种间不同的反应——随着生态系统的变化而更加复杂——会影响到令人头晕目眩的关系网，从竞争到捕猎、传粉等等。大多数影响还难以想象，更别提研究了，但是，迄今为止的研究都印证了理查德·普里马克关于灵活性的重要性的结论。不能迅速调整的物种面临的阻碍最大，可能最危险的就是那些依赖单一资源或关系的物种。最能说明这种情况的莫过于专门的传粉者与其寄主植物之间的联系，二者中任何一个的生长活动时机发生变化，二者的未来都会受到影响。这样的关系在世界各地演变形成，但往往鲜为人知。幸运的是，我恰好知道一个绝佳的例子，每年春天都会出现，离我家只有几千米远。我去那儿只需要一艘船。

* * *

我把船外机马达关掉、倾斜放置，最后几米距离用桨划到岸边，泊在一片有水下巨石的区域。（借用这艘船的条件就是不能磕碰到螺旋桨。）不出所料，这个小小的岛完全属于我了。面积半公顷多一点，岩石水线只比波浪高几米，这里确实不是一个受游客青睐的地方。不过我几年前曾到这里做一个植物学调查，我知道那里小小的草地上有我正在寻找的植物，还有一大群已知唯一的一种给这种植物传粉的蜜蜂。

我从岸边走上狭窄的小路，从刺柏和柳树下穿过，它们终其一生都在与太平洋西北地区的风抗争，因而直不起腰。不过今天很平静，阳光灿烂——正是观察蜜蜂的完美天气。小路的尽头就是开阔的草地，我发现自己来得正是时候。在草地上，散布着奶白色的穗状花朵，也就是棋盘花（英文名是“death camas”，意为“死亡百合”）。它的英文名来自这种植物著名的毒性，它会让牧羊人和偶尔路过的徒步者或露营者遭殃，如果他们误以为它那像百合一样的叶子和肉质的鳞茎可以食用的话。科学家们也知道棋盘花，他们把它的效力归咎于棋盘花辛碱，这是一种强效化合物，可以攻击心脏、肺，外加消化道。在给植物取拉丁名字的时候，他们给它取的名字相当于一个分类学惊叹号：“*Toxicoscordion venenosum* var. *venenosum*”，意思是：“有毒的鳞茎，有毒、有毒！”

我找了一块舒服的岩石坐下来观察，这个位置能让我同时观察好几株植物。在棋盘花下，一片琉璃草铺满大地，我很快就数出来三种熊蜂，在鲜艳的小花上还有一只汗蜂在快乐地觅食。但是，一个小时过去了，没有一只昆虫落在棋盘花上。这并不奇怪。大部分植物会将化学防御集中在叶子、种子、根或其他可能被饥饿的攻击者啃咬的地方，但棋盘花的毒到处都是，包括花粉和花蜜。这意味着昆虫造访一朵棋盘花不会得到美味的犒赏，只能等着发病、麻痹，搞不好还要死翘翘。如果不是一种当地的蜜

图 3.3　一只棋盘花蜜蜂（*Andrena astragali*）正在棋盘花上进食，这是一种特化传粉关系，和许多此类关系一样，一旦开花时间与昆虫飞行期不一致就有散伙的风险（照片来源：索尔·汉森）

蜂想出了办法，[*]似乎还真没什么行得通的传粉策略。棋盘花蜜蜂进化出了一种消化棋盘花辛碱和解毒的方法，这就为自己赢得了私人餐厅——一个其他昆虫避之唯恐不及的丰富花粉和花蜜来源。反过来，植物也享受到了传粉者一心一意的专门服务。但这一切都要取决于时机。

我起来伸展了一下双腿，向小岛的南端走去，在那里海浪定期喷射出的盐雾，植被很有限。这种光秃秃的土壤是棋盘花蜜蜂完美的筑巢栖息地，它们属于队伍庞大的打洞生物，这类生物把家安在地下隧道里。每个雌蜂都会给自己挖一个小小的洞穴，它的后代会以冬眠的方式在这里度过整个冬天，等到春天再挖土出去，把一切从头再来一遍。不过，即使我趴在那里看了又看，也没发现任何使用中的孔洞或蜜蜂破土而出的痕迹。尽管草地上有许多的棋盘花，蜜蜂世界里的“闹钟”却似乎还没响呢。

这是错配的开始吗？花肯定是开得更早了——附近一个自然保护区的观察显示，在短短 30 年里，对棋盘花来说，春季平均提前了两周。（这些数据是生活在偏僻小屋里的一批管理员收集的，这种小屋如今听起来就像是物候学研究的先决条件。）地面筑巢的蜜蜂也会对春季气温有反应，但多项研究表明，它们的反应速度要比大部分寄主植物慢得多。也许这是因为洞穴周围的土壤温度比花蕾周围的空气温度升高得慢，或者，就像从瓦尔登湖消失的较保守植物一样，它们可能就是天生如此。不管是哪种情

* 在美国西部的广阔地带，发现了几个品种的棋盘花，总是伴有棋盘花蜜蜂，在一些地点会有一种食蚜蝇，它们也有类似的棋盘花辛碱解毒本领。

况，都给物种制造了特别的挑战。棋盘花蜜蜂在它们的“天选之花”绽放时呼呼大睡的每一天，都是一次错失的良机。这意味着进食花粉和花蜜的时间减少了，这话对于蜜蜂来讲，可以直接翻译成“后代数量减少”。这种情况对植物来讲也令人担忧，这会导致它们将宝贵的精力投入永远不会接待传粉者来访的花朵。浪费的时间和精力总是会在自然界引起反响，棋盘花和棋盘花蜜蜂，或者全球各地成千上万类似场景的参与者会怎样面对这样的错配挑战，还有待观察。

与其盯着空荡荡的花，我决定不如把这次在岛上剩余的时间用来等蜜蜂出现。它们总得破土而出，而且很难想象还会有比今天更好的天气了。经过冬天前所未有的降雪，天气在数周之内又创下破纪录的春季高温——这种极端的变动已经成为现代气候变化的信号。我和蜜蜂一样没有做好准备，天气越来越热，我不由得脱下了毛衣，收起了帽子。不过，尽管我看到了很多春季活动，从林蚁寻找蚜虫，到一只蜂鸟用地衣装饰它的巢，但就是没有棋盘花蜜蜂选择在那天下午现身。后来我又去了两次，总算看到了它们那独特的暗金色的身影在巢穴和花朵之间穿梭，弥补着失去的时间。但是，当我坐在那里，在反常的温暖阳光里流着汗时，我突然想起了理查德·普里马克在我们关于物候学的谈话就要结束时对我说的一些话。他说，时间错配是极有吸引力的课题，吸引了很多研究者的注意，但很多动植物之所以深受气候变化之苦，原因要简单得多：“它们就是太热了。”

第四章

N 度

气候是你想要的，而天气是你得到的。*

——匿名

我 10 岁的时候，家里扩建，我有了一间属于自己的卧室，还装了一个电暖器。那种满足感真是令人难忘，不但拥有了一个自己的房间，还能想多暖和就多暖和。我到现在还记得那个老式的温度调节器。刻度盘上的刻度线从 4 到 32 摄氏度，但在这个

---

* 这句话经常被误认为出自马克·吐温（Mark Twain）或科幻作家罗伯特·A. 海因莱因（Robert A. Heinlein）。海因莱因在他 1973 年的小说《时间足够你爱》（*Time Enough for Love*）中将这句话收入了格言清单，其实这句话已经存在几十年了。追溯起来，1887 年的一本集子《教学英语：我们公立学校考试题的真正答案》（*English as She is Taught: Genuine Answers to Examination Questions in our Public Schools*）里一个匿名小学生就有类似发现。书里是这样演绎的："气候天长地久，而天气只有几天。"（Le Row 1887, p. 28）吐温在他对这本书热情洋溢的书评里引用了这句话，发表在同年的《世纪杂志》（*The Century Magazine*）上。

区间的中间段——大约 18 到 24 摄氏度这一段，所有的数字和标识都用“舒适区”这几个字代替了。从实用的角度看，这样可以在打开暖气时比较容易拧到合适的位置。不过，设计这个暖气的工程师倒是恰好在无意中表达了一个生物学普遍规则。对于每个物种来说，都有一个更适宜生命正常运转的条件范围，确切的温度倒并不是那么重要。但是，一旦超出那个舒适区，每一度又都很重要了。

在一个变暖的星球上，人们的担心很自然地都会转向热应激效应，以及生物学家口中的“临界高温”——超过这个温度，有机体就会停止运转。（也有临界低温，但在一个升温的年代，临界低温似乎受到了冷遇。）每个物种对热的耐受性是很不相同的，这并不奇怪。把我儿时房间的电暖气开到最大会令周围变得闷热，可对于智人来讲，还是可以忍受的，但这种温度可以杀死各种蝾螈、鲱鱼或其他能忍受的临界高温大大低于 32 摄氏度的生物。有些差异是天生的。哺乳动物和其他“温血”动物比两栖动物或鱼这样的“冷血”动物更能调节体温，冷血动物则更多地依靠环境保暖。至于自然界中为何存在如此众多不同的舒适区，理由非常简单：生境多样性。从温泉到白雪覆盖的苔原，从热带暗礁到南极冰盖下零度以下的盐水，地球上的生命适应不同的环境蓬勃生长。考虑到这种差异，有人可能会以为气候变暖会有利于已经适应在热环境里生活的生物。但是，极端温度的挑战可能对那些已经生存在边缘的生物来讲最为严酷，最先出现的气候变化警示信号就来自一种标志性的沙漠动物。

图 4.1　地球上的每个物种都生活在自己比较喜欢的温度范围内，电暖器制造商非常巧妙地用一个词将其概括为“舒适区”（明尼苏达历史学会）

“他们喜欢热天，但别太热。”巴里·西内尔沃（Barry Sinervo）在电话里给我讲他研究了30多年的蜥蜴。这30多年的大部分时间里，他都在加州大学圣克鲁兹分校，对于蜥蜴进化、遗传学、交配策略，以及个体如何分配自己的时间和精力，都有重大发现。对气候变化的思考几乎纯属偶然，当时，他和两个同事聊天时发现，他们都看到了一种趋势。蜥蜴种群开始在他们以前的研究地点消失，特别是更热、更干的一些地方。西内尔沃说意识到这一点就像“当头一棒”，让他们从此开始向这个方向思考。气候变化是否将沙漠蜥蜴逼出了它们的舒适区？如果是这样的话，又是怎样进行的？

他说：“我很惊讶，预测竟然这么容易。”然后他向我简要介绍了他们开发的数学模型。只需要输入几个关于蜥蜴和温度的数据，模型就能准确识别出哪些种群存在风险——不只是他们熟悉的物种，还包括世界各地的蜥蜴。他们就此发表的论文已经被引用了1 000多次，在科学界这就相当于写了一本超级畅销书。“这是我的新使命，”他开玩笑说，“做气候变化届的预言家诺查丹玛斯。”

西内尔沃在描述开创性研究的时候，有一种“谁都能做”式的热情，会让你觉得，嗯，可不是嘛！这就难怪他的合作者和合著者里有从本科生到专业老手的各种人，这些人来自的地方更是远至智利、中国，还有卡拉哈里沙漠。在我们谈话快结束时，他把我也拉入伙了，还坚定地保证，下次我来加州，我们要一起去捕捉蜥蜴。西内尔沃研究的是很多美国人在自家后院就能看到

图 4.2　篱笆蜥蜴（*Sceloporus spp.*）和其他晒太阳的物种在气温升高时会在阴凉处待更久，放弃宝贵的进食时间，有时候会危及繁殖（Depositphotos/Morphart）

的物种，让人很有亲近感。

篱笆蜥蜴和刺蜥属于刺蜥属（*Sceloporus*），它们都在北美最常见的爬行动物之列。有几十种蜥蜴栖息在从墨西哥向北几乎到加拿大的沙漠和其他温暖环境里。我记得小时候试图抓蜥蜴，但是没成功。无论我冲过去有多快，蜥蜴总是更快，从我张开的手里飞奔而逃，藏到最近的石块下面。像西内尔沃这样的专家知道，用渔竿会更好，离远一点，用一个透明的线圈设个陷阱，安全捕获你选定的目标。专家们还知道，石头对蜥蜴而言，可远远不只是用来逃离好奇孩童魔掌的庇护所。

用科学的语言来说，篱笆蜥蜴和它们的近亲属于日温动物——靠晒太阳来调节体温。这就可以解释为什么人们经常看到它们完全展开身体，尤其是在上午或比较凉爽的日子，因为那时它们需要提高温度才能行动起来。但是，日晒过多又会使它们很快达到临界高温，所以它们从不会距离阴凉的庇护所太远。在直射的日光与阴凉处之间进进出出，就相当于蜥蜴在调它的温度调节器，这能让它们在各种环境中保持舒适、安全的体温。随着气候变暖，蜥蜴的反应是做它们在热天里经常做的事——在阴凉处待更久。而这就是麻烦的开始。

西内尔沃说："这个就是我们所说的限制小时数。"他解释了他的团队如何发现在热、行为和繁殖之间存在一种重要的联系。无论何时，只要蜥蜴被迫躲避太阳，它们就放弃了可能会用来猎食的宝贵时间。这些丧失的热量积少成多，对繁殖季节的雌性来说构成了更大的挑战。"如果天太热了，它们就停止繁殖，"他告诉我，"这非常简单。它们的能量不足。"西内尔沃和他的同事发现这个模式太普遍了，他们甚至能计算出确切的爆发点：如果蜥蜴持续每天退回阴凉处超过 3.85 个小时，繁殖就会停止。而且不用数学模型也能预测出，长此以往会有什么样的影响。

对于研究气候变化的生物学家而言，巴里·西内尔沃的研究提醒了我们，温度不必达到致命的程度，也可以产生重大影响。当然，有一些物种遭遇超出自己临界高温的温度的例子。比如，澳大利亚持续的热浪导致成群的果蝠从栖息的树上坠亡。但更常见的温度升高影响的是有机体如何分配自己的时间和能量。类似前面谈到的蜥蜴经历的情况如今已经随处可见，非洲野犬减少了白天捕猎的时间（还有减少所哺育幼崽的数量），热带蚂蚁放弃了从雨林树冠穿行这种温度过高的觅食路线，等等。植物也有反应。虽然它们肯定没法起身挪到阴凉的地方，但一些常见的物种，比如西红柿，会将能量从繁殖（就是结出西红柿果实）转向固定和保护它们热应激叶片里的细胞。极端温度还有一个问题，可能会带来更大的挑战。"热如何影响疾病的传播"就是一个我们不得不面对和解决的问题。对于这两者之间的关系，一个重大发现是以一种不同寻常的方式出现的——有人拧错了一个装满海星的水槽的阀门。

* * *

"他们吓坏了，"德鲁·哈维尔（Drew Harvell）回忆起那些不小心让海星太热了的维护人员的反应，"不过我告诉他们不必太过自责。我们学到了很多东西！"

这个小事故发生在离我华盛顿州小岛上的家不远的一个海洋生物站。那是2014年春天，纽约康奈尔大学的教授哈维尔正在协调科学界应对一个逐渐展现的危机。北美西海岸上下，有至少20个物种的数百万海星死亡，它们的身体神秘地扭曲、垮塌，好像从里面溶解了一样。在哈维尔去西雅图海滩亲眼看到证据之前（她直接从机场开车到那里去看的），她已经怀疑是暴发了疾病。没有别的原因能影响这么大面积这么多不同的物种，而且事情发生得很快——整个种群在数月之间就消失了。她回忆道：“我知道我们有大麻烦了，很严重。”她的团队很快将一种病毒（至少是一种病毒大小的东西*）认定为主要怀疑对象。因此，才有了在水槽里养海星的事。

“它们都是多腕葵花海星（*Pycnopodia*）。”她用的是向日葵海星的属名，这是一种有很多腕足的多彩物种，可以长得像比萨饼盘一样大，重量超过 5 千克。这个物种似乎特别易受伤害，所以很适合用来测试潜在病原体。但是，要确认一种疾病的病因，需要先找到没有染病的样本。哈维尔说：“我们以为它们是健康的。”她解释道：放入保温槽里的海星都是从看起来仍然很原始的地点收集的。但是，还没等把这群多腕葵花海星加入她精心设计的实验，维护人员就误关了向水槽注入的冷海水，无意中开启了另一个实验。过了几个小时才有人发现不对，这期间水温直线上升，超出了海星的舒适区。起初似乎问题不大，重新注入水流后，环境很快回到了正常状态。但几天之内，水槽里的每个样本都萎缩、死亡了，与它们在自然界中遭受的折磨一样。这就清楚了：在温暖的水中，多腕葵花海星过热，激活了疾病，触发了它们已经携带的某种疾病的症状。

哈维尔解释说：“这是祸不单行。”她讲了热应激如何削弱

---

* 分离和培养纯病毒毒株是极端困难和耗时的，但哈维尔和她的同事们发现取自生病海星的病毒大小的样本可能会让健康的海星感染。他们还在样本中发现了一种有嫌疑的病毒的 DNA——与对狗有致命影响的犬细小病毒有很近的亲缘关系。参见 Hewson et al.2014。

寄主的免疫系统，同时使其病原体数量增加。*之前她也见过很多次这种情况。在研究海洋疾病暴发的30年里，哈维尔曾经观察到升高的水温加重了从龙虾到鲍鱼的所有生物的疾病。本来一开始她是研究抗病力细节的，结果后来就拓宽为具有全球影响的课题了——因为变热的海洋给生活在其中的动植物造成了压力，受到压力的有机体生病了。这种强大的联系让哈维尔的专业领域越来越有现实意义，她可能也未曾想到。

我和德鲁·哈维尔的谈话是在一个可爱的木制平台上进行的，周围有花，还有一只黄色的大狗伏在我们脚边睡觉。我们是在她和她的海洋学家丈夫的度假屋会面的，他们只要不在康奈尔教书就会来这里住住，或者为各种研究项目和会议满世界跑。巧的是，这栋房子离我住的地方只有几千米远，同住在这个郊外小岛上，我们也算得上邻居。（在我为了写这本书而进行的会面中，这是唯一靠骑自行车就能达到的地方，我们的讨论后来转向了抱怨狐狸、浣熊和其他威胁到后院鸡群的邻居。）哈维尔健康匀称，一头灰色的卷发，脸上看不出年龄，她呈现出一种冷静的深思熟虑——很友好，但是很有深意。她在谈话中字斟句酌，不难想象，她的同事和学生在听她讲话时也一定像我一样全神贯注。

哈维尔对我说："气候变化对海洋的影响比对陆地更大。"她是通过艰苦的工作得到这个论断的，她花了大量时间在水下观

* 很多病毒、细菌和其他病原体在更温暖的环境下生长更旺盛，这提醒我们，在受气候变化影响的关系中常常既有赢家也有输家。尽管海星时运不济，海星病毒却生逢其时。

察、记笔记。很多生物学家认同她的观点。海洋生物的条件确实发生了迅速、不可预计的变化，热与疾病的协同效应与这种变化有很大关联。哈维尔强调，热带珊瑚的减少是另一个有力例证。上升的水温不仅给珊瑚虫带来压力，也给它们寄居的共生藻类带来了压力，导致珊瑚掉色、虚弱，容易死于病原体的侵袭。如果这些珊瑚死亡，它们的丧失会通过整个生态系统传递连锁反应。海星也是同样的情况。实际上，正是一种海星的病启发人们认识到了一条基本的生态原则——某些生物会给近邻造成特大影响。

当我问起她的职业路径时，哈维尔承认："实际上是回到了原点。这也是我喜欢这项工作的部分原因。"她研究生毕业后最初的研究是跟着已故生态学家罗伯特·潘恩（Robert Paine）工作，潘恩标志性的海星实验引入了"关键种"这一概念。* 潘恩发现，如果将潮间带的掠食性赭石海星移除，就能改变整个群落——包含藤壶、藻类、海葵、帽贝的混合群落，将之变成几乎只有贻贝的单一群落。没有海星捕食贻贝，贻贝在竞争中胜出并接管了地盘。从某种意义上说，升高的海洋温度和疾病正在使这个实验大规模上演。

"我们可能失去关键种……"哈维尔说起这个话题，声音却渐渐低下去。即便对于习惯于研究衰落的海洋生物的人来说，这个想法也很难用语言表达。但当我问到附近是否还能看到一些海

---

* 潘恩最初将关键种定义为一种中高级的捕食者，能通过抑制其猎物种群来维持群落的结构和多样性。后来，这个术语用得更宽泛了，包括了对其原生生态系统施加过大影响的任何物种。

星时，她的语调轻快起来。她和学生刚完成了每年一次的赭石海星调查，虽然大部分种群仍然存在70%到90%的大幅减少，有一个地点的海星却出人意料地多。目前还没有人知道原因，但任何关于恢复或抗病力的迹象都是好消息。并非只有海洋生物学家会想念五颜六色的海星攀附在当地海岸线的景象。于是我在日历上圈出了下一个比较好的低潮日子，我和儿子计划来一次小小的赭石海星探险。

* * *

“我身上都湿了，但是没关系！”诺亚得意地大叫，我们在倾盆大雨中从一块岩石爬向另一块岩石。“这是我们来海滩最好玩的一次——27、28、29！”他指着挤在水线附近裂缝中的3个巨大的赭石海星，大声数着。我很高兴他和我一样，看到这些海星如此兴奋。当然，海星一度是他最喜欢的海岸生物——哪个小孩不爱这种动物呢？色彩斑斓，有五个腕足，看起来就像绘本作家苏斯博士画出来的。说到气候驱动变化的速度之快，就连一个9岁的孩子也已经可以对自然界的不同时代产生怀念了。不过，随着数量持续增加，我们的特别调查真的就像踏入了往日时光：“94、95、96！”不知道为什么，这个地方果然像哈维尔所说，“就跟过去一样”。

我们回到车上时浑身已经湿透，但是，不到一个小时就发现了408只赭石海星，大雨丝毫没能影响我们的兴致。更妙的是，这些海星看起来都非常健康，它们闪亮的皮肤摸起来很紧实，没有遭受损伤。（我想告诉从没摸过海星的人，其实它们又干又粗糙，摸起来就像被猫咪舔了一下。）我们不介意下雨还有一个原因。这个通常比较潮湿的地区已面临严重干旱的威胁，这也是一个日常的提醒，全球变暖改变的不只是温度。各种类型的极端天气都在增加，从连续干旱到暴雨、严重的风暴甚至是寒潮。每一种极端天气都给动植物制造了独特的挑战，就像高温一样，将动植物推出它们的舒适区。

动植物的反应各有不同（后面的章节会详细展开），但不可否认的是，某些物种就是无法适应新的条件。其中的一个物种很明显缺席了我们的海星调查。

在这么好的退潮时间，我本来希望至少能在较深水域发现几只多腕葵花海星，也就是德鲁·哈维尔的水槽事故中的向日葵海星。它们也属于关键捕食者，能控制吃海藻的海胆的数量。但与它们在潮间带的赭石海星亲戚不同，向日葵海星一点也没有恢复的迹象。科学家现在认为它们在之前的分布区出现了功能性灭绝，之后海藻林会被饥饿的海胆啃光，这被用来作为例子，说明“气候对一个物种的影响如何影响整个生态系统”。无论以哪种当地标准来看，多腕葵花海星似乎都是气候变化的受害者，不过，在事后的讨论中，哈维尔告诉了我另一些事，为这个故事平添了一层含义。

当我问她会怎么处理上百万美元的研究预算时，她立即提到要在阿拉斯加的荷兰港搞点研究，那是一个偏僻的渔港，周围的水域仍然够冷，海星没有受到疾病的影响。她说：“那里的多腕

图 4.3　赭石海星（*Pisaster ochraceus*）有一系列色调，从棕色到橙色再到鲜艳的紫色。照片中的个体是健康的，但大部分种群尚未从海洋温度升高加剧的疾病暴发中恢复（照片来源：索尔·汉森）

葵花海星都生龙活虎。”那是为数不多还活着的健康种群了，可以放心地研究病因和反应。然后她又说了一个我没看到过的现象：“实际上，它们的分布区域在扩大。”对向日葵海星来说，同样的温度趋势，使向南生活变艰难了，却似乎为向北生活打开了一道门。白令海峡曾经寒冷的水域变得不那么令海星却步了，这让它们可以移居阿留申群岛及附近的海岸线。这对海星爱好者来说是一个好消息，却也提出了另一个关于气候变化挑战的重要问题。我们知道，**移除**物种可能给自然群落带来巨大影响——关键种概念可以证实这一点。那么，**增加**新物种意味着什么？

第五章

奇怪的伙伴

落难时不择伙伴。我要在这儿躲到云消雨散。*

——威廉·莎士比亚《暴风雨》(1611 年)

三头虎鲸在海岸线附近浮出水面，它们黑色背鳍的优雅轮廓在岩石与森林背景下滑过。如果是在明信片上或纪录片里，这一刻可能看起来宁静安详，但实际上却是一团混乱。几十艘观鲸船正在这几头鲸的后面和旁边抢占有利位置，引擎的噪声和高声评论淹没了它们响亮的呼吸声。我驾驶的研究船拿到了许可，可以离得近一点，但为了这个项目，我让船处于船队的中间位置。我当时正在协助研究船舶如何影响鲸的行为——这个问题在这种拥挤的情况下确实挺重要。我的工作是保持稳定行驶，带着激光测

* 《暴风雨》，第二幕第二场；Bevington 1980, p. 1511。

距仪的观测员会对着不断变化的场景制作实时地图。事情本来按原计划进行着，突然，我注意到有只特别引人注目的鸟伸展着坚实的翅膀，在挤作一团的船的上方翱翔。

“鹈鹕！”我不敢相信，喊出声来。我立即掉转船头跟上去，然后马上知道了，观鲸者不喜欢在他们的野外考察中途突然转去计划外观鸟。不过能看上一眼这么不同寻常的事物，挨几句骂也值得。毕竟，虎鲸经常造访我们这片水域，足够支撑起繁荣的旅游业。而在 30 多年来的当地鸟类观测中，我还从没看见过一只棕色的鹈鹕。鸟类手册中画出的鹈鹕生存区域在这里以南很远的地方，只是偶尔会有零星几只迷路，在海岸线徘徊。所以我认为我这是很幸运地看到了观鸟者所说的“流浪鸟”。

发生这件事以后，这些年来请我帮忙驾驶观鲸船的人变少了，但飞到北边来冒险的棕色鹈鹕越来越多。在华盛顿州和俄勒冈州交界处哥伦比亚河河口附近的夜栖地进行的调查表明，在 20 世纪 70 年代和 80 年代，发现的个体很少超过 100 只。2000 年以后，生物学家曾在单日内统计到 1.6 万只鸟，而且还有令人信服的迹象表明，这种趋势不只是侥幸。

丹·罗比（Dan Roby）在电话里对我说：“我注意到有些鸟会玩过家家。”我听得出他想起这件事还笑了一下。他继续说道：“它们捡起树枝，收集筑巢的材料。”但他解释了一下，这些鸟可能还没成年，它们笨拙的尝试没有什么用。有一对鸟儿花了好几周时间，看起来是在孵蛋，但他的团队去检查鸟巢时却吃了一惊。“那是个鱼饵！”他笑了起来，“整整 28 天，它们在认认真真地孵一个鱼饵！”但是，到 2013 年，罗比已经见到了在一系列求偶、交配和筑巢活动后实际产下的蛋，还记录了下来，这些活动都发生在一个岛上，这个岛在已知最近的繁殖群以北超过 1 400 千米的地方。“目前还没有雏鸟”，他还比较谨慎，但按照目前的趋势发展，见到雏鸟可能只是时间问题。

丹·罗比的研究使他成为见证棕色鹈鹕到来的最理想人选。在 20 多年时间里，他和俄勒冈州立大学以及美国地质调查局的同事们一起，一直在监测哥伦比亚河低地的食鱼鸟类，主要是为了帮助管理和保护游向大海的未成年鲑鱼。鹈鹕开始出现时，他们正在旁边数鸬鹚、燕鸥、海鸥这些留鸟，无意中记录了一个生存区转移的典型例子。我们在第七章会再次讨论这个主题，这是生物应对气候变化的主要对策之一，随着温度升高，物种会到处寻找更适宜的环境条件。有些物种的生存区在扩大，有些在缩小，还有些在不同的区域同时兼有两种情况。对于鹈鹕来说，向北迁移发生在总体数量增长的时候，罗比预计它们在哥伦比亚也会很兴旺。他对我说：“大部分年份，食物不会是限制因素。……它们直接到盐水吧台去寻找食物。那里有很多凤尾鱼和沙丁鱼这样的海鱼。”尽管这些鸟还不能忍受太平洋西北地区的冬季，但它们似乎越来越愿意在秋天的时候往南飞，有些模型预测，到 21 世纪末，它们的生存区会一直扩大到阿拉斯加。

棕色鹈鹕在北方水域取得的明显成功只是故事的一半，因为生存区转移并非只影响迁徙的生物。对于本地物种和栖息地而言，每个新来物种都等于一个奇怪的伙伴，不知道达到什么数量

图 5.1　这张复古插图看似异想天开，却有真实依据——海鸥习惯于从满嘴都是鱼的棕色鹈鹕嘴里偷鱼。物种转移到新地方或群落时，很多生物关系会受到影响，争夺食物是其中之一（Depositphotos/Morphart）

时就可能破坏现状。例如，当棕色鹈鹕进食时，它们一头冲向鱼群，装满它们巨大的喙，这种习惯与附近的沙丁鱼或其他小鱼有明显的相关性。突然增加几千或者几万只这种饥饿的捕食者，也会影响到其他的食鱼者，比如海鸥和鸬鹚。新对手加入后，食物争夺战会发生什么样的改变，特别是在猎物不那么丰富的年份里？在一些地方，栖息地和筑巢区这类资源可能也会短缺。鸟类学家已经对鹈鹕主宰华盛顿州海岸线北边的若干小岛表示了担忧，这些地方本来是簇羽海雀之类的海鸟筑巢的地方。* 不随季

* 簇羽海雀与棕色鹈鹕的短暂重叠反映了气候变化过程中一种越来越常见的对立情况。同样的变暖，让鹈鹕可以从南方飞过来，却显然让海雀的环境变得太热了。尽管海雀在阿拉斯加沿海仍然很常见，那里的气温也仍然在它们的舒适区范围内，但在海雀生存区南部各地的海雀数量已经大幅减少。曾是华盛顿州常见物种的海雀于 2015 年进入了当地的濒危物种名单。能说明问题的是，那一年也是曾经罕见的棕色鹈鹕变得常见，因此可以从这个名单中删除的一年。

节迁徙的留鸟是否正在被挤出？科学家发现这些问题问得越来越频繁了，因为在气候变化的年代，棕色鹈鹕远远不是唯一在转移的动物。

当我问罗比今年观察到的其他生存区转移情况时，他说："'全球怪象'似乎越来越多。"白色鹈鹕也开始在他的研究地点出现，很多当地的红嘴巨鸥已经搬家前往阿拉斯加。不过，一些最极端的"怪象"不是在浪花上飞的，而是在浪底游动和漂流的。海洋温度上升、洋流改变，将很多地方的很多东西从低纬度推向了极地的方向，海洋生物学家将这种趋势称为"热带化"。在北加州海岸线的一段，近来的调查显示，37 个物种在仅仅 4 年的时间里平均向北移动了 345 千米，包括藤壶、海参、蜗牛、螃蟹、海藻，还有宽吻海豚。* 科学家看到几十次不同寻常的物种远离大本营现象，他们将这些物种（至少现在）标注为"侦察员"而不是"移民"。例如，一条两吨重的"骗子翻车鱼"（hoodwinker sunfish）并不是这个州记录的第一条这种鱼——而是整个半球记录的第一条。

将物种的大规模重新分布称为"怪象"（weirding）实际上相当恰当。这个词可以追溯到一个古英语词，意为"命运"或"注定"，这正是动植物在转移生存区时试图掌控的东西。这个词的现代意思是"奇怪"或"奇异"，也说得通，因为看到曾

* 虽然 345 千米可能听起来对藤壶来讲是艰难的跋涉，但它们在幼体期可以随着洋流走很远的距离。很多其他海洋有机体也是在幼体期迁徙的，包括各种软体动物、海葵、甲壳类动物、苔藓动物、被囊动物、棘皮动物、鱼类。

经熟悉的自然群落如此迅速地做出了改变，确实让人感到相当奇怪。最后，在苏格兰传统方言中，“weird”指能够预言未来的人。丹·罗比这样的生物学家一定希望拥有这样的本事，但是，随着成千上万的物种在全球各地的生态系统中转移，这种情况对于预言来说都太混乱了。气候模型可以对物种移动的地方给出一些暗示，但它们到了那里会发生什么，谁也说不准。有些物种可能会悄无声息地融入新的群落，另一些物种可能会改变整个地区。这种戏剧性变化最明显的体现，也许莫过于松树的树皮和边材之间那层薄薄的细胞了。

在我家周围的树林里，美国黑松长得头重脚轻。它们越是长高，枝条越是在高处聚集，形成一个紧密的树冠，所以比较老的树，树干容易在强劲的风暴中折断。我知道得这么清楚是因为我一直盼着这种事发生——倒不是对松树有什么恶意，而是我总是在留意哪里有容易获得的木柴。不管什么时候，一旦有树折断，我就迅速带着斧子和锯到达现场。不过松木在我们的木柴堆里只占很小的一部分，因为当地的森林主要是道格拉斯冷杉这类沿海树种。深入内陆后，北美西部的大片区域都被美国黑松覆盖，在那些森林里，美国黑松要担心的事情，远比风和木柴堆要多得多。冬季变暖使山松甲虫可以将生存区向北扩展，由此触发了号称有记录以来规模最大的虫灾。虫灾持续了好多年，我见过满山坡全是棕色垂死树木的照片，但直到我要写这一章时，我才想到可以在家附近找找甲虫。因此，在开始写这一段之前，我从棚子里拿了一柄小斧头，走向车道沿途的松树残骸仔细查看，我盘算着，只要给我足够的时间，我或许能找到一些甲虫破坏的迹象。结果不到 30 秒就让我找到了。

疏松的树皮很容易就从树桩和较低的枝条上剥落，甲虫在木头里啃噬的痕迹完全暴露出来，看起来就像绕来绕去的书法。有些路径分成有秩序的网络，有些则迂回曲折，就像矿工迷路了。我知道有几个物种可以栖居在这种树里，它们留下的图案常常是可以判断的。但是，虽然手边有一本老旧的美国林务局害虫手册作为指南，我还是分不清这些路径的区别。其中是否有山松甲虫呢？我拍了几张照片，发了个电邮，几个小时后得到了答案。

斯塔凡·林格伦（Staffan Lindgren）给我回信，表示“山松甲虫出现在那里也并不是不可能”，他还说附近的一个岛上已经发现了几只。林格伦昆虫学生涯的很多时间都是在虫灾暴发的前线度过的，所以他十分清楚甲虫喜欢待在哪种地方。他还轻而易举地认出我照片里的踪迹是其他虫子的作品——有一种是叫“齿小蠹”的象鼻虫，还有一种是某类圆头天牛的幼虫。就像大部分树皮小蠹一样，这两个物种一般栖居在死掉或垂死的树木上，它们可能是在松树倒下后侵入的。山松甲虫的不同之处在于，它们能侵扰和影响完全健康的树木。* 这就是分类学者给它们的属

---

* 斯塔凡·林格伦认为，山松甲虫进化出这种不同寻常的习性是为了躲避竞争。通过借助真菌的力量攻击活树，它们获得了其他小蠹无法得到的巨大食物和栖息地来源。尽管在死掉或垂死的树里也能发现山松甲虫及其表亲，但山松甲虫在那种竞争相当激烈的环境里并不是特别成功。用林格伦的话讲：“它们只是在那儿挺着。”参见 Lindgren and Raffa 2013。

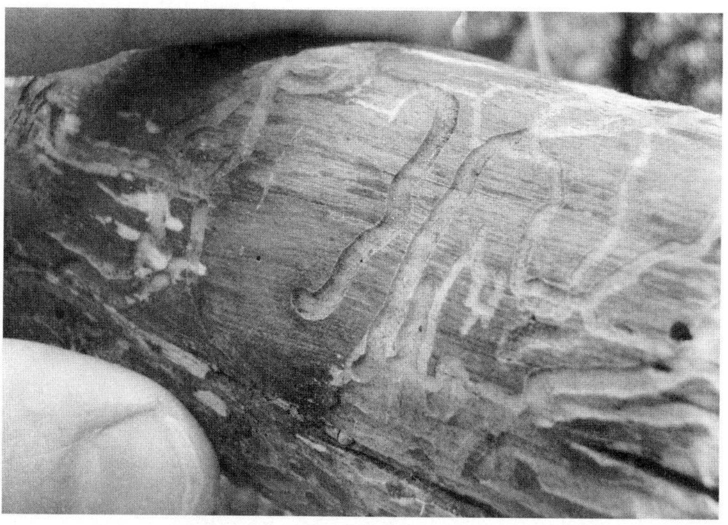

图 5.2 以专业的眼光来看，小蠹留下的图案就像签名一样独特。斯塔凡·林格伦认定我照片中松树上的小蠹是一种齿小蠹（*Ips engraver*）（上图）和一类圆头天牛的幼虫，可能是松墨天牛（下图）。仔细看天牛的轨迹，可以看出随着幼虫越长越大、轨迹也越来越宽（照片来源：索尔·汉森）

命名为“松小蠹属”（*Dendroctonus*）的原因，这是一个拉丁语和希腊语混合的词，可以翻译成“树木谋杀者”。我问林格伦是什么令它们如此致命，他改编了加拿大著名林业学者弗雷德·邦内尔（Fred Bunnell）的一句话作为回答：“这不是高深莫测的火箭科学。这比那还要复杂得多呢。”

林格伦在电话里解释说：“雌性是攻击性甲虫。”雌甲虫先在树皮上钻一个洞，之后呢，如果还没有交配，就会分泌一种强烈的信息素（外激素）吸引伴侣。（它用受伤的树木产生的化学防御物质调制它的香水，真邪恶。）赶来的雄性又制造出更多这种来自树木的引诱剂，吸引越来越多两种性别的甲虫过来，形成大规模攻击，而且甲虫身上还携带着一种火上浇油的东西。它们的口器中特殊的小容器里装着几种独特的菌类孢子，也能入侵树木，使蓝色霉菌渗入边材。林格伦说：“真菌伴生物通常被视为毒剂。”他描述了感染如何逐渐阻断树木运送水分和营养成分的通道（还有树胶，这是树木对抗甲虫的主要防御手段）。结果新孵化的甲虫幼虫除了有木头吃，还有了真菌加餐，营养大为加强，而且口器里又装满了新鲜的孢子，可以去祸害下一棵不幸的树了。

过去，这套复杂的机制在很大程度上是受天气制约的。秋冬季的骤冷会让甲虫丧命，限制它们的分布区，也限制虫灾暴发的规模和持续时间。但是季节温度升高让这种冻僵的情况越来越少见了，年复一年，甲虫数量持续增加。林格伦告诉我：“当它们达到一定程度时，就停不下来了。”他说结果可以和失控的森林大火相提并论。“它们只要还有一口气就不会停下来。”这个阶段被称作“完成”，这时特定环境里的甲虫可以说是已经把自己吃得倾家荡产。这种情况曾经很罕见，但自从20世纪90年代和21世纪初期开始向北暴发虫灾，数百万公顷的土地上出现了这种情况，松树死亡，森林只剩下了骨架子，占地面积差不多和德国一样大。不过，在像林格伦这样的研究者看来，这种虫灾暴发还有一个奇怪的地方：只要甲虫进入新的区域，它们就会开始加速。

林格伦回忆起最初暴发虫灾的几年时说：“它们的移动速度比模型预测的速度快了30%。”正如丹·罗比在哥伦比亚河观察鹈鹕一样，林格伦也在正确的地点、正确的时间见证了山松甲虫的蔓延。1994年，他接受了北不列颠哥伦比亚大学的教职，搬到了乔治王子城这个小城市，那里的景色与他的家乡瑞典差别不大。当时林格伦已经是一个成熟的树皮小蠹研究者，还是一个成功的甲虫创业家——他在念研究生时发明了一种叫“林格伦漏斗捕集器”的装置，* 到现在仍然是野生种群取样的最高标准。乔治王子城的周围是美国黑松森林，林格伦到这里来，相当于直接把自己放到了甲虫向北扩展生存区的路上。不过故事到了这里，

* 林格伦描述了用涂着黏糊糊胶质的钢丝网架捕捉甲虫的老办法，他说：“那可真是个噩梦。”不仅弄得衣服上头发上到处都是，还需要用溶剂处理好几个小时，才能把样本取下来。他笑着说：“说白了，我就是因为懒，所以觉得必须得有一个更好的办法！”这种“懒中生智”创造出了一种堆叠漏斗呈树状结构排列的精巧装置。用适当的昆虫信息素做诱饵，这个捕集器可以用来吸引全球6 000种小蠹——好奇的甲虫在探索这些漏斗时最终会滑落，跌入放置在底部的收集罐。

就与鹈鹕的故事就不一样了，因为鸟类的影响可能要花几十年时间理解，而甲虫一出现，人们立刻就能知道。林格伦非常清楚为什么它们那么迅速地冲向自己的新家。

“大家都可以为所欲为了啊。”他描述了一下当甲虫来到新栖息地，发现周围都是“天真的东道主”时会怎样，这些松树根本没发生过抵抗攻击的演变。对于甲虫而言，这些树都是容易获取的猎物，它们缺少南部森林发展出的防御手段。林格伦指出：“即便是在一次虫灾暴发中，选择也在发生。”甲虫会迅速扫光最脆弱、最美味的树。经过一段时间之后，幸存的松树和它们的后代会发展出更强的化合物、丰富的树脂，以及其他就算不能完全阻止甲虫，也至少可以让甲虫的攻击速度放缓的方法。在论证这一点的一份优美的证据中，林格伦和几位同事数了一下甲虫在不同环境中能产生多少后代。只要树木是“天真”的，甲虫繁殖数量就会增加一倍多，密度高得令人难以置信，用林格伦的话说，这让整个系统“开始冲刺”。

生物学中“天真”(naïveté)的概念起码可以追溯至查尔斯·达尔文，他对加拉帕戈斯群岛上“极端温顺的鸟”*深感惊奇。由于生活环境中没有陆生捕食者（或充满好奇心的博物学家），这些鸟——还有他在那儿发现的美洲蜥蜴、陆龟和其他生物——对在陆地上见到的东西没有丝毫天然的惧怕。由于缺乏渐进的熟悉，它们非常脆弱，它们可能很容易接近、便于观察，同

* Darwin 2004, p. 355.

样也很容易下锅。当动植物遇到其他完全新奇的物种时，都适用同样的原则。它们可能发现自己没有适当的防御手段，特别是难以抵御新的捕食者、竞争者、病原体、寄生虫。这不仅能解释甲虫虫灾暴发的速度，还可以解释为什么气候驱动的生存区转移激增很可能会重塑自然群落的秩序。

十多年里，山松甲虫继续向北冲刺，掠过林格伦在乔治王子城的研究地点，几乎到达加拿大的育空地区，直到最后遇到仍然寒冷到足以阻止它们的冬季气温。但是，气候变化不只是为松树甲虫开放了新纬度，更高的海拔也在变暖，所以虫灾暴发转而向东，向上攀升越过落基山脉——曾经的屏障——深入阿尔伯塔省。很多科学家预计，甲虫就这样在整个大陆一路走下去，每到一处就洗劫一下天真的东道主（各种松树品种）。对于这么小的昆虫而言（一位著名昆虫学者有一个比喻，大意是说它们多少有点像老鼠屎）*，这真是一段了不得的旅程。这只是众多故事中的一个，因为北美松树森林并不是唯一努力调整以适应奇怪伙伴的生态系统。北极苔原的植物也迎来了新的食草动物，从驼鹿到蛾子幼虫都有；塔斯马尼亚海藻床也是如此，那里遭到了海胆的入侵。五大洲的盐沼草现在都得与不断扩张的热带红树林抢地盘，而南极洲附近的软体海底生物很快就得被迫应付“碎壳杀手”帝王蟹。如此多的物种都在变化，出现了如此多新奇的组合和群

---

* 蒙大拿大学的昆虫学家黛安娜·西克斯（Diana Six）常常在关于山松甲虫暴发的演讲时，并排展示甲虫和老鼠屎的图片。

落，对于未来的最佳指引可能蕴藏在专业林业学者喜爱的一句古老格言里："准备好迎接意外。"*

当我问斯塔凡·林格伦美国黑松下一步会怎么样时，他飞快地说出一大堆虫灾暴发后的挑战，从严重的火灾和侵蚀，到土壤和地下水位条件改变。历史上，松树森林会在残余的抗甲虫树种中重生，这种情况在某些地方还在发生着。但是，正如林格伦所指出的，变暖的趋势不仅带来了甲虫，也增加了夏季干旱和热浪出现的频率，加剧了其严重程度——这些严苛的条件可能会使某些栖息地不再适合树木。值得一提的还有虫灾暴发的影响如何向外扩散，以及如何牵动了蜘蛛网般的种种自然联系。立即出现的后果就是啄木鸟会增加，先是吃山松甲虫，再吃掉所有死掉和腐烂的木头里短暂繁荣的各种小蠹和蛀虫。但是很多其他物种的生活会变得更艰难，渔貂和苍鹰这样的"深林专家"失去了掩护，松鼠和交嘴鸟突然缺少了松果，森林驯鹿在旅途中不知该如何面对无法穿过的一大堆倒地树干。

就像气候变化导致的众多情况一样，要说出山松甲虫的生存区如何转移还为时尚早，而且大部分影响可能永远都不会成为研究对象。比如，我从未见有人提到过气候变化对美国西部松树小灰蝶的影响，这是一种小型的棕色蝴蝶，光线好的话，能看到红酒渍般的一抹紫红色贯穿它的后翼。小灰蝶是极少数能消化松针坚硬青枝的生物之一。实际上，它们的幼虫不会吃别的东西。这

---

* 解释参见 Cooke and Carroll 2017。

图 5.3　西部松树小灰蝶（*Callophrys eryphon*）。这种蝴蝶的幼虫只吃青松针，在不断变化的气候中，它的未来与寄主树木的未来联系在一起［照片来源：艾伦·施米勒（Alan Schmierer）］

就使它们和这些树建立了密不可分的联系，这也提出了气候变化带来的另一大生物学挑战：如果生活中最基本的必需品突然消失，会发生什么？

第六章

生活必需品

神不知鬼不觉，命运往拳击手套里灌了铅。*

——佩勒姆·格伦维尔·沃德豪斯

《吉福斯和老同学》(1930 年)

这张照片真是绝了。比尔让一只小鸟在他手里保持栖息的姿势，我拉近镜头让小鸟充满取景框。我们在雾网旁边轻车熟路地标记和测量被网住的物种时，只需要多花几秒钟时间就能顺手拍下这样的照片。这只深褐色胸脯、白眉弯弯的漂亮沙氏阿卡拉鸲很快就可以重返雨林。但就在我的手指按下快门的瞬间，有股气流向下猛冲而来，随即是一声重击、一声大叫、一阵翅膀扑簌声。我放下相机，鸟已经不见了，只见比尔攥着手，脸上是我从

* Wodehouse 2011, p. 186.

没见过的惊讶神情。

我们之前没发现，一只非洲苍鹰一直在我们头顶的树枝上暗中观察着我们。不知道猛禽会不会流口水，但眼睁睁看着这么多美餐被人握在手中又放掉，对一个鸣禽捕食者来说肯定也是一种煎熬。显然，看到那只美味又毫无防御力的阿卡拉鸲被人抓在手里，如同奉上美食一般，成了压垮非洲苍鹰神经的最后一根稻草。但最后关头不知出了什么岔子，这只鹰收住了俯冲，从比尔的手边斜擦了过去。在比尔惊诧之时，幸运的阿卡拉鸲逃脱了，苍鹰也拍着翅膀离去，大概只有自尊心受了点伤害。不过，在一个变化的世界中，作为山林常驻民，这两只鸟所面临的长期挑战之惊心动魄，丝毫不逊于这场“捕食者和猎物的共舞”。

从乞力马扎罗东部平原突起的坦桑尼亚乌萨姆巴拉山脉，在世界生物多样性热点地区排行榜中位于前列——这里的独特动植物尤为丰富。阿卡拉鸲事件中我的那位同事名叫比尔·纽马克（Bill Newmark），是一位保护生物学家，他研究乌萨姆巴拉鸟类种群已经超过30年。（当地人叫他“Bwana Ndege”，就是斯瓦希里语“鸟先生”的意思。）那时，他和他的野外考察团队已经网到、释放、再度捕捉了3 000多只鸟，他们十分清楚，在森林受到干扰、被分隔为小片的情况下，哪些物种生存了下来，哪些没能生存下来。我加入比尔团队时是硕士研究生，工作是研究其

图 6.1　沙氏阿卡拉鸲（左图）和非洲苍鹰（右图），坦桑尼亚乌萨姆巴拉山脉的对手和森林居民（照片来源：索尔·汉森）

中的一小片拼图*——老鼠和其他食卵动物是否造成了较小片地区中鸟类数量的下降（它们没有）。我在那里工作的那段时间，我们经常会看到砍伐木材留下的树桩，听到伐木工砍柴或农夫开辟土地种植庄稼的声音。我们的研究侧重于森林流失和碎片化，

---

* 我的研究工作包括把几百个柳条编的巢藏在森林里，放一些软土蛋做诱饵，这样就能留下未来攻击者的牙印。这样足以骗过啮齿动物，我在各种规模的森林里都发现了它们的龅牙咬过的痕迹——与研究区域的老鼠无所不在的分布情况相匹配。但是，比尔和他的队员后来又定位和研究了 1 000 多个真正鸟巢的命运，发现实际上大部分鸟类在森林碎片区域会遭遇更高的巢穴流失率，可能更多是因为遭到猛禽、蛇和其他啮齿动物捕食者的攻击。参见 Newmark and Stanley 2011。

因为这种危险显而易见又非常迫近，而气候变化的影响似乎还是理论上的。我们知道一般的预测认为，高山物种会在温度变暖时倾向于在海拔更高的环境下生存，那些已经在山顶生存的物种的适宜生境可能会全部消失。但没人知道这个过程有多快，直到最近，一位年轻的鸟类学家采取了一项如今看来理所应当的行动：他上山进行了测量。

本・弗里曼（Ben Freeman）解释道："你得去问问那些鸟。"他对自己的研究哲学总结得真是精辟："模型告诉不了我们真实的世界实际发生了什么。"这种"走出去"的渴望显然也是他的访谈哲学。我们很快就离开了他在英属哥伦比亚大学与另一位博士后共享的斯巴达式清苦办公室，在附近阳光灿烂的院子里找到一张野餐桌。（我们谈话时，我注意他的眼光偶尔会越过我的肩膀，投向灌木，那儿有两只白冠麻雀给一只新生雏鸟带来了食物。）弗里曼身高超过一米八，身材瘦削，眼神镇定自若，有一种习惯于在偏远地区工作的人特有的从容不迫。不过他的科学热情可一点都不少，我们热火朝天地讨论起鸟鸣的演进问题，过了好一阵子才想起来我此行的目的是来找他谈别的问题。

回到正题，我问他为什么对植物上坡迁移感兴趣，为什么选择在巴布亚新几内亚野外这么有挑战性的地方研究这个课题。他说："我实在是喜欢贾雷德・戴蒙德（Jared Diamond）的工作。"他提到的这位是著名的环境历史学家，而且碰巧也是一位颇有建树的热带鸟类学家。戴蒙德对新几内亚鸟类的典型研究包括 20 世纪 60 年代进行的一系列调查，这些调查精确地展示了各个物种在山坡上的生活位置。对弗里曼而言，这些海拔范围不只是鸟类书籍中的一个脚注。他联系了戴蒙德，提议重复这项研究——用同样的方法在同样的山上寻找相同的鸟，看看是否发生了什么变化。

几个月后，在戴蒙德的热情支持下，弗里曼来到了新几内亚中部高地卡里穆伊山的山坡上，和他的妻子，也是他经常的合作者亚历山德拉·克拉斯·弗里曼（Alexandra Class Freeman）一起架设雾网。克拉斯·弗里曼也是一位鸟类学家（他们是在厄瓜多尔的云森林相遇的），刚刚完成她自己的博士论文，来参与她丈夫可能是最具挑战性，也是最值得做的这部分工作。他们雇了当地的田野助手，处理了家族竞争和义务等复杂政治问题。他们找到了一位村里的长者，他曾给戴蒙德的营地送过红薯，这位长者帮助他们确定了之前的上山路线。他们要应对各种问题：饮用水时有时无，工作十分劳累，用他的话讲，有时候条件“十分不安全”。（他苦笑道：“这真是对婚姻的一大考验。”）不过从科学的角度讲，一切都有条不紊。

他说：“幸运的是，这片森林几乎没有遭到过破坏。”除了辟出几平方米空地给手机信号塔之外，这座山看起来就跟 50 年前一样原始，排除了存在打猎、伐木或其他可能改变鸟类种群的干扰因素的可能性。唯一的变化是平均气温有看起来很微小的 0.39 摄氏度升高。这种变化是否足以导致可测量的生物反应？他们要等最后一只鸟被网到、确认和放飞之后才会知道。弗里曼说：“我们做这项研究一定不能先去看戴蒙德的研究结果。”他解释说，他们不希望他们的实地考察工作被先入之见左右。因此，他们输入最后一条数据并进行计算的那一刻，一定相当紧张。幸运的是，结果很明确。

弗里曼说："几乎所有生物都向上迁移了。"在不到50年的时间里，卡里穆伊山鸟类的正常生存范围的最高和最低限度上升了几百英尺。他沉吟道："我简直不能相信。"但当他们用戴蒙德的数据集在另一座山上重复这个实验时，这种趋势甚至更明显。鸟类对温度升高的主要反应就是去更高的地方寻找栖息地，正如模型预测的一样。如果有什么不同的话，那就是影响大得出人意料，而且还回答了一个由来已久的热带气候变化问题。有一派观点认为，热带物种应该比中纬度的物种的适应力更强，因为它们已经习惯了炎热的环境。但弗里曼的研究结果表明恰恰相反，* 热带雨林多样化、拥挤的种群产生了大量对周围环境的任何改变都高度敏感的特化物种。当我问到鸟类是对哪些特定信号做出反应时，弗里曼告诉我："这更像是一千个小推力，而不是一个大推力。"从它们食用的昆虫和植物发生变化，到与竞争物种和捕食者的关系发生改变，一整套联系在起作用。甚至连患病率也牵涉其中。作为一个典型的例子，弗里曼自己在山区工作时就感染了一种有生命危险的疟疾。这种病以前只发生在低地，但传

---

* 弗里曼等人指出，上坡迁移不只在热带流行，而是更普遍的现象，一系列物种都表现出同样的模式。温带山脉的情况也在改变，但过程更加特殊，而且各有不同。弗里曼告诉我，部分原因可能与季节性有关。温带物种有能力在时间和空间上做出反应——比如，它们可以在春季更早繁殖，而不用迁移到新地点。热带缺乏这种变化性。"如果热带鸟类想要某种气候，它们不得不自己去找。"

播这种疾病的蚊子像鸟一样往山上迁移了。*

以任何标准衡量，本·弗里曼的博士研究都是成功的。他的研究推进了对一个重要理论观点的理解，还在顶尖期刊发表了文章，受到高度评价。但是，正如所有“好科学”一样，这个项目立刻带来了更多的问题。如果物种确实向山上迁移了，那么另一半预测是否也是真的？那些已经在山顶的物种，它们的栖息地是否会消失，它们是否会被挤向一些人戏称的“通向灭绝的自动扶梯”？卡里穆伊山的数据无法回答这个问题，因为只有少数鸟类在最高海拔处生存，而且全都是珍稀鸟类。比如，贾雷德·戴蒙德费了九牛二虎之力找到了很难找的冠啄果鸟，即便弗里曼未能再次找到这种鸟，也不能说明这种鸟就不再有了。他们可能只是运气还不够。解开“通向灭绝的扶梯”这个问题，需要再拿出其他热带山脉的历史数据集，山上要曾经有大量高纬度物种，又要碰巧是相当常见的物种。这是一种苛求——这类科学愿望可能需要多年的搜寻才能实现。但是本·弗里曼只花了大概5分钟。

在生物学领域，博士研究最后要以论文答辩结束，学生要向一群基本上观点一致的教授、研究生同学、朋友和其他祝福者做一个公开演讲，汇报他们的研究情况。答辩通常会准备香槟。弗里曼的论文答辩值得纪念的一大特点是有一个最年幼的参加

---

* 鸟类像人一样，也会染上一系列昆虫携带的疾病，疾病的载体对气候变化做出反应，疾病也一路跟随。禽疟疾就像人类疟疾一样扩散到了变暖的栖息地，而且已经与夏威夷几种稀有的旋蜜雀的减少和上坡迁移联系起来了。参见 Liao et al. 2017。

者——他刚出生的孩子。（克拉斯·弗里曼在房间后面用一个上下弹跳的瑜伽球哄孩子，让婴儿保持平静。）不过科学上最有意思的部分是他参加的学术委员会传统庆祝会，发言结束时，谈话转向了下一步要做什么，他说起他一直在寻找的理想研究场景，他的导师提到了一项以前在秘鲁亚马孙一个山脊上进行的调查，导师一直没腾出时间发表。与卡里穆伊山一样，观察是从山底开始的，持续向上，直到海拔几千英尺的山顶。但与新几内亚的山脉不同，秘鲁的山脊有 16 个只出现在山顶的物种。1985 年，调查已经开始，其中 11 个物种十分常见、很容易找到。弗里曼回忆道："那是完美的数据集。"于是，他创下了最快的博士后转向纪录，刚结束论文答辩，就已经在紧锣密鼓地计划下一次研究考察了。

找到原来的调查地点之后，弗里曼在秘鲁的工作就展开了，与在新几内亚的研究如出一辙。（不过克拉斯·弗里曼缺席了，她选择在家照顾新生儿。这次倒是多了很多无刺蜂，它们成天缠着他和他的同事，舔食他们富含矿物质的汗水。）幸运再一次降临，这片森林也没有受到伐木或其他干扰因素的影响，可以直接与旧数据进行比对。而且，大部分鸟类的生存区也向山上进行了可测量的迁移。但是，在山脊顶，雨林让路于覆满苔藓的矮树形成的低矮林地，弗里曼有了新发现："灭绝扶梯"正在全速开动。在 1985 年时还常见的高纬度物种，有近一半消失了，几种仍然还在的物种现在也很稀少，只出现在调查的最后一站，也就是接近山顶的地方。消失的物种在附近更高的山上还能发现，但这种

图 6.2　秘鲁的高山矮曲林看起来很原始，但上升的气温也让这里发生了某些改变，赶走了一些高纬度的特殊鸟类，如种蚁鵙、黄眉拾叶雀、褐额侏霸鹟、锈胸扁嘴霸鹟（照片来源：本・弗里曼）

趋势的轨迹和影响错不了。

“我到现在也不能完全理解，”弗里曼摊开手，摆出一个困惑的手势说，“这么遥远、原始的地方似乎不可能受到这么剧烈的影响。”对于科学家来说，保持怀疑态度是自然而然的——即便是对自己的研究成果。但现在，从蛾子到树苗，更不要说其他鸟类种群（包括我以前常去的乌萨姆巴拉山上的鸟类种群），所有生物都有上坡迁移记录了。而且，由于山的形状会在顶部变窄，就像金字塔一样，所以向上迁移的物种所占据的面积也会变小，还可能逐渐缩小为零。弗里曼对自己的数据感到吃惊，原因之一在于这个过程的速度，仅仅几十年，就发生了大量生存区迁移的情况，也有很多当地物种灭绝。但到底是哪些具体变化导致一个物种迁移或干脆消失，还是个谜。*“动植物为何在特定的地方生存？”弗里曼问道，“这是查尔斯·达尔文感兴趣的基本问题之一，我们到今天也没能完全弄清楚。”

达尔文时代以来，栖息地的概念已经扩展了，不再只是某种物种可能被发现的地方。生物学家现在会考虑所有使一个地点适宜某些物种生活的环境变量，从气候到地形、土壤、水文，以及与在当地生存的其他动植物的关系。在某些情形下，温度升高会夺走某个明显的栖息地必需品。例如，融化的北极海冰导致了具有标志性的气候变化场景：北极熊失去了最喜欢的漫步地和猎食地，被困住了。同样，珊瑚数量下降，直接导致很多鱼类和其他珊瑚礁生物的食物和庇护所减少。然而，更多的时候，很难明确指出是哪些微妙的因素让某处变暖的栖息地突然难以为继。本·弗里曼在秘鲁的山顶见到很多覆满苔藓的矮树，但这种热带高山矮曲林的某些不明显特点一定发生了变化，那里的留鸟已经做出了反应，开始消失。高纬度特有的物种面临最大的风险——它们无路可退，从它们栖息地消失的物种也无法再回来。但是，各种地方的物种都开始发现生活必需品出现了短缺，有一个特别

---

* 上坡迁移有时会被解释为一种竞争性的连锁反应，较低海拔的物种在向上攀升时驱动着前面的其他物种。在某些情况下也许是这样，但这个过程通常要微妙复杂得多。比如，在秘鲁，本·弗里曼发现从山脊顶消失或减少的鸟都没有从山下上来的直接竞争者。

脆弱的群体经常被我们生活在陆地上的人忽视。我是最近在低潮时站在岩石岛海岸线边上时意识到这一点的，这个地方存在已久，我们家几代人都去过。

* * *

我父亲告诉我："这是世界上最聪明的牡蛎。"他用靴子指着一个挤在两块低处巨石中间的软体动物，那里很安全，可以避免被人踩到，避免被小船和独木舟的船体碰撞，还可以避开我父亲，就没有一只牡蛎是他看见还不想吃的。经年累月，这个牡蛎就顶在自己的门阶上，带着瓦工砌墙的耐心，把自己的硬壳长得越来越大。它的年龄就是它智慧的一部分，老牡蛎比年轻牡蛎更擅长筑壳，它们直接从海水中收集方解石这种坚固形式的碳酸钙。而幼体牡蛎最初几周是用文石来形成壳的，文石也是同一种化合物，但形式的稳定性稍差。这种差别对牡蛎来讲非常重要，因为气候变化使海洋酸度增加，使牡蛎建造和保持外壳变得更难。所以，最好能使用最坚固的材料。对海洋生态系统而言，不幸的是，小牡蛎并不是唯一依赖文石的有机体——珊瑚、各种浮游生物、大量的蜗牛和双壳类动物都依赖文石。正如山顶的鸟类一样，如果某种重要的东西消失了，栖息地变得不适宜生存，它们也没有其他地方可去。

要理解海洋酸化，不妨想想那位站在邻居啤酒厂冒泡大桶边的可爱老头儿约瑟夫·普里斯特利。他发现了碳酸化原理，只需把水从一个杯子猛地倒进另一个杯子，让水能捕捉发酵的啤酒上方的丰富气体即可。海洋湖泊与大气的交互作用与此相同，[*]表面的水在风中激荡时会持续吸收二氧化碳。因此，如果大气中的二氧化碳水平升高，海水中的二氧化碳水平也会上升，只要二氧化碳与水混合，其中有一部分必然会形成碳酸。这就给筑壳生物带来了麻烦，这也是为什么人们会推荐用苏打水这种气泡饮料当去污剂。酸，无论是碳酸还是别的酸，都具有腐蚀性——它们通过破坏联结物质的纽带起到腐蚀作用。用酸来去掉衬衫上的一处芥黄酱污渍很顺手，但对形成壳的化学过程来讲就很棘手。壳中的碳酸钙很容易分解，为观察这个过程，我和我儿子用一杯赛尔脱兹气泡矿泉水（seltzer）慢慢溶解了一颗鸭蛋。[†]对于贝类来讲，情况甚至更糟，因为酸性的水会把碳酸盐变为碳酸氢盐，[‡]这种化合物压根儿就不能用来筑壳。因此，酸度增加会带来一个大难

---

* 除了在表面与空气混合以外，湖水还会从来自周围陆地上的腐烂叶子、木头和其他有机物中接收二氧化碳，这就让直接研究气候相关酸化的难度更大了（参见Weiss et al. 2018）。海洋碳循环也比单纯的大气交换复杂得多，但相对比较容易区分各种来源。

† 各种气泡饮料都是弱酸性的，但赛尔脱兹矿泉水是检验碳酸效果的好选择，因为它没有苏打水里的中和盐，也没有可乐之类含糖饮料中常见的其他种类的酸和其他成分。我们用的是鸭蛋，但鸡蛋也一样好用。如果你碰巧有一颗海龟蛋，那就最理想不过了，因为海龟利用文石筑壳，就跟小牡蛎和海蝴蝶一样。鸟蛋壳的成分是坚固的方解石，但因为赛尔脱兹矿泉水比海水酸度大得多，所以也能完成任务，最后杯里只剩下了一颗被半透明的胶质膜包裹的蛋。整个过程耗时17天，我们会定期换水，补充可能随着嘶嘶响的气泡跑掉的酸。这很好地演示了碳酸如何腐蚀壳，而且还善加利用了那瓶在厨房里放了很久，在某次聚餐后家里就没人再喝的赛尔脱兹矿泉水。

‡ 具体说来，碳酸分解为氢离子和碳酸氢盐。这些氢离子与海水中已有的碳酸盐相结合，形成更多的碳酸氢盐。当游离碳酸盐供应量变少时，氢离子就开始溶解壳、获得更多碳酸盐。结果就是环境的腐蚀性增强，没有多少可以用来形成或修复壳的游离碳酸盐了。

题——壳会变得更脆弱，同时用来修补或替换的筑壳材料又变得越来越稀少。

关于海洋酸度起作用的最早迹象来自商业牡蛎养殖场，那里的幼体牡蛎无法形成适当的壳。于是养殖人员学会了在脆弱的文石阶段进行人工照料，减轻当地海水酸度水平上升的危害。但野外的筑壳生物享受不到任何特殊待遇，酸可能会带走对它们的生存至关重要的东西，就像海冰之于北极熊——可能更甚于此。为了研究这种困境的形成过程，海洋生物学家列出了自己的研究愿望清单。他们需要一种常见、容易找到的生物，只依赖于脆弱的文石壳，而且壳是在各种海洋条件下形成的。理想的研究对象就是一种小小的、自由浮游的蜗牛，名为海蝴蝶。

维多利亚·佩克（Victoria Peck）告诉我："在浮游生物中，它们是极富有魅力的。"她肯定非常清楚这一点。作为英国南极调查局（British Antarctic Survey）的成员，佩克研究从格陵兰岛沿海到威德尔海各处的浮游生物种群。我通过网络电话 Skype 采访了她，她人在魁北克市，准备从那里出发去加拿大北极地区考察。佩克的很多研究是关于梳理海洋沉积物、重建浮游生物化石群落的，目的是了解过去的气候条件。所以，对于她来讲，将研究重点放在现代气候迹象上是一个有趣的转变，而海蝴蝶碰巧很美，也算一个意外之喜，海蝴蝶有精致的翼足、螺旋的壳，在显微镜的灯光下像水晶一样闪闪发光。

佩克解释道："事实证明，幸好我的背景不同，可以看到不同的东西。"她拿到的是地理学和古海洋学学位。她是在一大堆

图 6.3　海蝴蝶是一种翼足目（pteropods）动物，这个目包含了许多浮游的蜗牛，pteropods 源于希腊文，意为“脚上有翅膀”。它们以更小的浮游生物为食，它们自己则是各种鱼的食物。图片中的这一种叫裸海蝴蝶（*Limacina helicina*），从较高纬度的大洋到极地都有分布，直径只有 2.5 毫米（美国国家海洋和大气管理局）

海蝴蝶研究中开始工作的，当时生物学家在实验室研究中记录了预期的壳腐蚀，并且在北美洲西海岸沿线酸度高峰期间，在野外确认了这个过程。佩克选择重点研究极地地区，在那里，冬日的海冰干扰了水和大气之间的气体交换，导致季节性的酸度峰值。她也发现海蝴蝶的壳上有疤痕和破损。但以她的经验来看，这是最正常不过的现象。

佩克告诉我：“当你看腹足类化石的时候，总有些标本是有损伤痕迹的。”海洋生活充满风险，壳会受到各种方式的敲击，特别是遇到捕食者不成功的攻击时。佩克和她的同事研究海蝴蝶时，见到了同样的现象。他们注意到，酸造成的腐蚀只出现在壳上之前有过破损或被刮坏的地方。本来完好的壳看起来不受影响，显然是在酸性的水中被外面薄薄一层膜（叫作“角质层”）保护了。（蜗牛和很多双壳类动物都会在壳形成期间利用这层膜，好像脚手架一样，这层膜只要不损坏就会一直存在，就像一层清漆，起到屏障作用。）此外，海蝴蝶还积极修复自己被腐蚀的壳，从内向外增加一层层的文石，打的补丁最多可以达到原来的4倍厚。这也让佩克想起了她在化石中见过的补丁，这表明了一种快速恢复的能力，这一点令她的很多同僚大为吃惊。

“我当时不怎么受欢迎。”忆起往事，佩克不好意思地笑了。她的研究结果挑战了之前的发现，激起了海蝴蝶研究界的火热争论。不过共识还是比争议多得多。没有人质疑海洋酸化对筑壳生物来说是一个问题。即便修复是可能的，代价也很高昂，需要从捕食、繁殖和其他重要活动中转移精力。而且，事实证明，海蝴蝶与牡蛎一样，幼体阶段在酸性环境下特别脆弱；因此，如果目前的碳排放趋势持续下去，它们恐怕都等不到长成顽强的成年体的那一天。最后值得一提的是，受酸影响的远远不只是壳的形成过程。在水下环境中，化学帮助动物管理着一切，从闻到找方向，再到看和听。如今大量研究已经把酸化与鱼类和其他海洋生物感知周围世界方式的变化联系了起来，像寻找配偶、寻找食物、寻找家或者避免被捕食者注意这些基本的任务都复杂化了。如果这个系统调整得太多，很多物种可能会发现它们的栖息地从化学角度来看已经变得不适宜居住，因为各种感官完全混乱了。

维多利亚·佩克关于海蝴蝶适应能力的研究并没有消除海洋酸化造成的威胁，但确实指出了我们在谈论气候危机时常常忽略的一点：自然界并不是毫无防御能力的。当环境变化时，动植物会有所反应。有时这些反应达不到可测量的程度，有时却完全有可能测量到在我们周围实时进行的有效适应和演化。接下来几章将探讨各个物种可以利用的各类工具和反应。我们会先深入研究迁移，迁移概念就像自然界变化的观念一样，让生物学家苦苦研究了好多年。

应对

起风时，有人筑墙挡风，有人造风车借力。

——据说来自中国的谚语

与很多行当一样，生物学有大量的缩略词。例如，大家都知道（也更愿意）把遗传物质“脱氧核糖核酸”（deoxyribonucleic acid）简称为“DNA”。于是，当面对气候变化带来的挑战时，专家们迅速敲定了一个新的缩略词——“MAD”，即“迁移、适应或死亡”（Move, Adapt, or Die）的简称。尽管这个词反映了这个难题的严酷特征，但还不足以概括物种应对气候变化的多样、迷人的方式。随着我们周围的例子越来越多，现在可以清楚看到，迁移有很多种形式，适应甚至是进化可能比我们预想的要快，而对于一些幸运儿来说，生活几乎完全不需要改变……

第七章

迁移

老国王科尔是个快活老头儿，

他说："我要移动地球。"*

——查尔斯·麦凯《老国王科尔》(1846年)

吉尔伯特·怀特（Gilbert White）沉迷于燕子。他描绘它们的飞行模式，研究它们的饮食。他跟着它们到筑巢地，数它们的蛋。他评论它们洗澡的习惯、脚爪的形状，以及寄生在羽毛上的跳蚤。燕子引起了怀特巨细无遗的注意，胜过他在1789年的作品《塞尔伯恩博物志》（*The Natural History of Selborne*）中描述的任何其他生物。关于燕子的一个问题引起了他最大的困惑。这个问题同样也深深吸引了早至亚里士多德和老普林尼（Pliny the

* Mackay 1859, p. 151.

Elder）这样的博物学家，那就是：它们冬天去哪儿了？

在18世纪中期，燕子和很多其他鸟儿会有规律地出现和消失是一个常识，它们春天来到欧洲各地，晚秋时离开。农夫、猎人和学者都知道燕子习惯什么时间来去，即使逻辑和方法并不精确。身为收入在中上水平的英国乡村牧师，怀特有一些时间和资源深挖一下这个问题。他已经知道现在的迁移观点，但这在当时还是一个有争议的理论，总要和古代流传下来的，有时是想象的观点*较量。瑞典分类学家卡尔·林奈乌斯（Carl Linnaeus）†和他的一个学生‡在他们1757年的专题论文《鸟类迁徙》（*Migrationes Avium*）中吸收了两种传统。他们指出，大雁和野鸭显然是迁徙鸟类，呈大V字形群飞，就像一个箭头指着旅行的方向——春季的时候向北，秋季的时候向南。而燕子肯定是潜入当地的水下过冬的：

---

* 亚里士多德也认为燕子在冬天冬眠，他还认为红尾鸲、莺这样的鸣禽会根据季节变化成其他物种。一种更怪异的古代理论认为，鹤会迁徙到尼罗河上游地区，这一点是真的，但又有一个奇怪的补充，说它们冬季与大批骑着山羊的俾格米战士混战。在1 000多年的时间里，这个主题在艺术作品、故事（例如荷马的《伊利亚特》，还有《伊索寓言》）和科学论文［例如亚里士多德、普林尼、艾利安（Aelian）的作品］中重复出现。参见Ovadiah and Mucznik 2017。

† 卡尔·林奈受封贵族之前的名字。——译者注

‡ 尽管林奈乌斯以鸟类知识自傲，但他最著名的还是植物学方面的技能。1757年关于迁移的论文《鸟类迁徙》常常被归为林奈乌斯个人的作品，但实际上是他在瑞典乌普萨拉大学的一个学生卡罗勒斯·丹尼尔·艾克马克（Carolus Daniel Ekmarck）的工作总结。学者们一般认为是艾克马克和林奈乌斯共同写作了这篇论文。参见Heller 1983。

9月的下半月，它们成群飞向河流和湖泊，一只鸟先落在一根芦苇或蒲草上，接着是第二只、第三只，直到芦苇或蒲草被鸟儿的重量压下去，与它们一同沉入水里。5月9日左右，它们又出现了，一年中宜人的季节开始了。*

吉尔伯特·怀特的观点也是现实与幻想的混杂，后来他又不断追问燕子是否（在水下或者其他地方）冬眠，或者是否像水鸟一样往南飞。他甚至写了这么一首诗："有趣的小鸟啊！——快点说一说，当严寒蔓延，暴风雨来袭，你们藏身哪里？"† 不爱旅行的怀特很少离开他所钟爱的塞尔伯恩教区，他对于燕子和其他物种迁移的观点得益于大量的通信和大英帝国的不断扩张。他询问苏格兰和达特穆尔的环颈鸫的动向，也询问秋天在萨塞克斯丘陵聚集的石鸻的情况。他写信给海上牧师追问在船舶索具上栖息的鸣禽后来如何。他的弟弟被派往直布罗陀军团，怀特充分利用了这位身处假定的迁徙交叉路口且值得信赖的观察者。他寄出了参考书、期刊还有收集用品，二人热切通信了好多年。最终，尽管怀特仍然梦想着在塞尔伯恩发现至少几只隐藏的冬眠燕子，但他还是接受了弟弟的观点："无数燕子类的鸟根据季节从北至南或从南至北穿越（直布罗陀）海峡。"‡ 除此之外，怀特的弟弟还汇报了其他物种向非洲往返的"大规模迁移"，从食蜂鸟到鹰、兀

* Ekmarck 1781, p. 237.
† White 1947, p. 60.
‡ Ibid., p. 124.

图 7.1　这张插图画的是渔民用渔网从冰冻湖面的冰块下捕捞燕子（还有一两条鱼）。一直到 19 世纪，一般人都还认为燕子不会迁徙，而是会在每年秋天沉入水底，在水下过冬。奥劳斯·马格努斯（Olaus Magnus）《对北方民族的描绘》（*A Description of the Northern Peoples*）（巴黎，1555 年）（耶鲁大学贝尼克珍本与手稿图书馆）

鹭，还有戴胜。实际上，这样的物种太多了，以至吉尔伯特放弃了惯有的精确，最后干脆在他的“已确认迁移鸟类清单”里写上了“等等等等”*。

吉尔伯特·怀特对迁移的思考反映了一种思想转变。正如同时代的其他博物学家一样，怀特正在走向对动物迁移的新的理解——生物去哪里？如何去？为什么？他对自然驱动力有一个著名的归纳，即“爱与饥饿”†，而在他想象南飞的鸟会“享受永

* Ibid., p. 124.

† Ibid., p. 129.

久的夏日"[*]，飞回北方的鸟是"在烈日到来前退却"[†]的时候，无形中也揭示了另一个事实。这样的想法在今天产生了共鸣，因为生物学家再次站在了迁移研究的转折点。如果怀特能看到今天的世界，他一定会对追踪动物的形形色色的新技术感到惊奇[‡]——从无线电项圈和微型 GPS（全球卫星定位系统）发射器，到读取皮毛、羽毛和骨头上留下的化学痕迹。他会被这些工具教给我们的东西迷住，不只是关于迁移，也关于分布、归巢，还有其他习惯性的活动。不过，就像现代科学家一样，怀特也将不得不接受这样的现实：所有这些古老的模式都在以大部分观察者意想不到的速度变化、转变、调整。因为在一个快速变化的时代，大部分物种都渴望熟悉感，而且其中很多物种会动身离开去寻找这种熟悉感。[§]

* * *

格瑞塔·佩茨尔（Gretta Pecl）对我说："这很惊人。"她的语气听起来很惊奇，虽然她研究这个课题已经好几十年

---

* Ibid., p. 162.

† Ibid., p. 124.

‡ 吉尔伯特·怀特如果知道他那本关于塞尔伯恩的奇特小书还在印刷，可能也会感到惊讶，这本书出了将近 300 个不同的版本，是出版史上卖得比较好的一本书。

§ 众所周知，就连科学家都要追随自己的舒适区去新的地方。2016 年，美国选了一位厌恶事实和科学的总统，后来又退出《巴黎气候协议》，于是几十位顶尖美国学人接受了法国总统埃马纽埃尔·马克龙（Emmanuel Macron）的邀请，转向了法国的欢迎气氛，参与一个被戏称为"让我们的地球再次伟大"（Make Our Planet Great Again）的 7 000 万美元的气候研究新项目。

了——可能正是因为研究得久才会这样。她说："我们正在经历上个冰期以来最大的一次物种重新分布。"她还飞快地说了几个统计数字。目前已经观察和测量到3万多例由气候驱动的生存区转移，涉及各种生物，从蜻蜓到狐狸、鲸、浮游生物都有，对，还有吉尔伯特·怀特所钟爱的燕子。而这只是冰山的一角。科学家预计，**全部**物种的25%到85%正处在迁移过程中。佩茨尔指出："即便是最低的比例，也占到地球上所有生命的四分之一。"

格瑞塔·佩茨尔是全职的大学教授，还创办了全球海洋热点网络，更不用说还有生存区扩展数据库和测绘项目以及一个名为"迁移中的物种"的蓬勃发展的研究者联盟，她自己也忙个不停，四处奔波。她能抽出时间跟我在Skype上通话，我觉得很幸运，她当时在挪威一个借用的办公室，刚刚完成南非一个大型国际会议的协调工作，是在去芬兰的研究旅行和去瑞典演讲两个活动之间的空档躲在那里的。所有这些活动都离她在塔斯马尼亚大学的大本营很远。她最初对适应性迁移产生兴趣就是在那里，她喜欢把这种现象称为物种的"变动"。这并不是她一开始研究的课题，但就像现在很多其他研究气候变化的生物学家一样，佩茨尔无法忽略她在这个领域看到的问题。

她回忆起20世纪90年代在塔斯马尼亚东部沿海进行的博士研究，说："我是研究头足动物生活史的，就是鱿鱼、章鱼、墨鱼之类的。"受一股奇怪的区域性洋流影响，气候变化将那里的水域温度提高到全球平均水平的4倍，把那里变成了一个

图 7.2　长刺海胆（*Centrostephanus rodgersii*）是最先引起格瑞塔·佩茨尔注意的受到气候驱动的物种之一。它们随着变暖的水域从澳大利亚大陆向南，到了塔斯马尼亚东海岸，因为它们爱吃藻类，把很多当地的海藻森林变成了岩石遍布的“海胆荒原”［照片来源：约翰·特恩布尔（John Turnbull）］

通向未来的窗口。因此，当佩茨尔开始寻找头足动物时，她也意外窥见了变暖大洋中的物种分布。她对我说：“我们注意到很多新物种进来了。”有鲷鱼、提琴鳐、巨石藤壶——都是近期从北边 240 千米之外的澳大利亚大陆沿海过来的新面孔。与此同时，很多当地物种也开始迁移，追随着变暖的趋势向南。这种情况引起了佩茨尔的好奇，她的好奇心就像她的热情一样强烈。她讲话很快，但是带着一种吸引人的温暖和清晰，让我们的视频连线就像喝咖啡闲聊一样轻松。在研究界，这种感染力让她成为作家马尔科姆·格拉德威尔（Malcolm Gladwell）

所说的“连接者”，这样的人有种不可思议的本领，能把人们聚到一起。

佩茨尔说：“从一开始我就希望采取跨学科、多系统的方式。”这也是为什么她的联系人与合作者遍布全球——而且不只是生物学家同僚，还有经济学家、律师、政治学家、健康专家、民间高手，各色人等。我跟她谈话之前，她在俄罗斯和芬兰边界的一个传统冰钓社区与当地人共同生活了一周。“土著知识的时间尺度可以追溯至几千年前，”她指出，土著知识的视角可以深化生物数据的含义，“对土著来讲，生存区变动就像入侵。”她接着说：“他们不知道这些物种。他们没有关于这些新物种的歌曲，也没有相关的艺术。”这类洞见令佩茨尔对物种迁移的意义有了极为广泛的理解，但她也知道一些不为人知的细节。于是我问了她一个可能是最基础的问题。迁移有用吗？迁移是应对气候变化挑战的好策略吗？

佩茨尔回答：“对那些能迁移而且能活下来的物种来说是有用的。”然后她停住了，我觉得她是在斟酌措辞。和我访谈过的很多专家一样，佩茨尔似乎不愿意指明气候变化斗争中谁是赢家谁是输家。（本·弗里曼一提到“赢家输家”这种词就会用手指摆出一个讽刺的“手势引号”。）当然，仅仅是正在发生的生存区转移的统计数字就足以说明总体情况——能迁移的生物确实进行了迁移，而且速度很快。但是，尽管这种能力看起来是一大优势，却远远不能保证成功。

最后，佩茨尔说：“如果整个生态系统一起前进，可能情况不会太糟。”但实际上，物种都以自己的方式做出应对——以不同的速度或往不同的方向迁移，或压根儿就不迁移。这就搅乱了一切，或者，用佩茨尔的话说，“把生态学的规则手册抛到了脑后”。这意味着，即便移动的物种能够转移到一个气候更好的地方，它们仍然面临着适应新家的重大挑战。它们可能不得不学会寻找不熟悉的食物，或适应新的捕食者、竞争者和疾病，这一切都发生在因为不断有物种加入和离开而总在被颠覆的群落。换言之，这是一个扩大了的“奇怪伙伴”难题。佩茨尔告诉我：“目前，我们对单个物种的迁移情况掌握得不错。”但更大的问题仍未解决。“这对生态系统意味着什么？”她问道，“当20%或30%的生物多样性同时变动，意味着什么？”在我们的谈话中，她还是第一次显得有点气馁。然后，她笑了：“我们只能振作精神找出答案！”

对于格瑞塔·佩茨尔这样的科学家来说，物种迁移研究仍然像在18世纪的吉尔伯特·怀特时代一样充满活力、充满发现。但是气候变化令物种迁移变成了一个更加重要、更值得关注的话题，远远超出了乡村博物学家的客厅。那是因为当前的生存区变动浪潮不只是改变了生态系统，还改变了我们与生态系统交互作用的方式。从农田到森林再到渔场，物种的迅速增减正在颠覆传统，人们迫切地想知道接下来会发生什么。（正如佩茨尔向我指出的，即使是国家公园和其他受保护地区，也在受到影响——“你不能画一个框把东西框起来，希望它保持原样。”）尽管仍然有很多有待探求的东西，本书中已经谈到了两个一致的趋势。首先，升高的温度正在将物种推向极地方向——北半球的推向北极（就像丹·罗比的鹈鹕和斯塔凡·林格伦的小蠹）、南半球的推向南极（就像格瑞塔的鲷鱼和海胆）。第二个趋势是物种正在向更高的纬度迁移，向山脉、山脊线和其他地形坡度的上方移动（就像本·弗里曼研究的鸟）。不过，在这些一般模式*之外，也出现了令人惊讶的例子。这些例子可以提醒我们，物种迁移的原因多种多样，温度并不总是驱动力。有一种这样的趋势出现在北美洲东部各地，而且发生在一群并非以迁移著称的生物中。它们原本总是因为可靠的稳定性而受到推崇——甚至是尊敬。

* * *

北欧神话中的 9 个世界包含了属于火、雾、人、巨人、各种神灵的不同国度，它们都井井有条地位于一棵大树的树枝和根部，这棵大树有一个赫赫大名叫“世界树”（Yggdrasil）。当然，假定条件是可以相信世界树固定不动，各个不同的世界永远泾渭分明、井然有序。“固定不动的树”这一特点也广泛存在于传说和故事中，从为冥想的佛陀提供遮蔽的无花果树，到把果实掉落在艾萨克·牛顿（Isaac Newton）后院重力场的固定不动的苹果

---

* 有一个与此相关但不那么出名的模式是在海里发展的，冷水物种会在海洋表面变暖时下降到更深的深度。这影响了活动范围，也影响了被称为垂直迁移的短期趋势。虽然塞伦盖蒂草原的羚羊得到了所有媒体的关注，但迄今地球上规模最大的迁徙是浮游生物每天在水柱里的上下运动。

树。很多人都知道莎士比亚把麦克白之死与一个不可能的概念相连，即“勃南的树林向着邓锡嫩的高山移动”*，但是，当命中注定的那一天来临时，移动的树林变成了用“树叶遮蔽物”† 伪装的普通士兵。就连托尔金（J. R. R. Tolkien）的《指环王》中明显能移动的树人（Ents）实际上也不是树，而是负责保护和照顾真树的像树一样的生物（真树想必是需要保护，因为它们动不了）。尽管有这么普遍的假定，科学家们现在却发现，树应对气候变化的方式，跟鸟和鱼之类的生物一样，也是生存区发生了可测量的迅速变动。发现这种变动的关键是要知道在哪儿观察、如何观察。

秋高气爽的一天，我从艾奥瓦州中部宽阔的得梅因河河谷边缘徒步下山，走在树木丛生的陡峭山路上，山路蜿蜒下降，沿途尽是砂岩断崖。尽管艾奥瓦州最出名的是玉米地，但那里的树木之众也相当可观。艾奥瓦州正好位于东部阔叶林到美国中西部大草原的过渡地带，一片片带状的丰茂林地沿着小溪与河床蛇行深入平原。阳光照亮了满是沟壑的树干和上方的树枝，光线穿过多彩的秋叶组成的树冠，一切似乎都在将我的注意力向上吸引。但我强迫自己盯着地面。我即将看到的故事与笼罩在头顶的高树关系不大，而是与那些刚刚萌发的小树有关。在森林中，老树告诉你过去，小树告诉你未来。

我从主干道进入直路，走进矮树丛，开始进行非正式的幼树

---

* 《麦克白》第四幕第一场；Bevington 1980, p. 1239。

† 《麦克白》第五幕第五场；Bevington 1980, p. 1247。

调查。那里有到我肩膀高的阔叶糖枫，还有叶片摸起来像砂纸的滑榆。我很快发现了椴树、山核桃木、霍布叶铁木，还有各种橡树。这种多样性看起来似乎与我熟悉的湿漉漉的沿海树林大相径庭，沿海树林中少数的几种针叶树物种覆盖了大片土地。但是，这种年轻的阔叶林不只是不同于半个大陆之外的森林，它们也不同于头顶那些成熟的树。这并不是说我在附近找不到成年的枫树、山核桃木等树种——种子一定是有来处的。但如果统计一下这些成年树种，与幼树进行对比，就会发现物种的比例有明显的不同——有些品种在新一代中更常见了，有些却更少见了，这表明了气候科学家早已得知的一点：现在发芽和生长的环境条件与成年树种几十年前开始萌发时显著不同了。收集足够这样的数据，就有可能确切地看到令麦克白惊恐的一幕：树木组成的大军正穿越风景线奔袭而来。

到我停下来吃午饭时，我统计的幼树包括了 16 个不同物种的 75 个个体，所有这些幼树都是貌似静止的。为了确定哪些在迁移、迁移速度有多快，我还带上了普渡大学教授费松林的一份研究论文。与格瑞塔·佩茨尔或吉尔伯特·怀特不同，费松林对迁移的兴趣不是由野外观察引起的。他的专业是计算生态学，通过数学建模、计算机模拟、仔细分析复杂数据来研究自然的模式。他在邮件里告诉我，他“研究大规模森林生态问题已经超过 10 年了”，他还说寻找气候变化的影响是合乎逻辑的下一步。但是，大部分研究都侧重于预测，他的团队却希望展示已经发生的现象。“人们往往很难去理解预测风险的模型，”他解释道，

“它们展示的是未来可能出现的场景，模型常常有巨大的不确定性。我们希望通过利用长期、大规模的数据集，来展示气候变化已经对森林生态系统造成了什么样的影响。”费松林的幸运在于，这样的数据集已经存在了，而且可以在美国林务局的网站上免费获取。

“美国森林清查与分析计划”（The Forest Inventory and Analysis Program）自称为“美国树木普查”，工作人员每年会编写一个调查报告，相当于是我这次艾奥瓦州林地之旅的一个正式版本——计算、测量、辨识分布在美国各地的庞大林地网中的幼树和成年树。费松林的团队下载了从中西部各州到大西洋沿海可追溯至 20 世纪 80 年代的所有数据。（为了看看这个信息的量有多大，我试着下载了艾奥瓦州一个州的数据。其中包含 71 025 行数字，分成 182 列——我笔记本电脑的电子表格程序甚至无法打开这个文件。）在如此大规模的数据上操作可以使费松林的团队找出他所说的每个物种的“地理中心”。“地理中心”就像整个生存区的正中央，也就是一个物种的数量在北美洲东部达到峰值的物理位置。计算是很复杂的，但概念并不陌生。比如，棒球粉丝如果希望看比赛时能接住赛场上飞来的球，他们也会进行类似的计算来选择座位。击球手可能会从任何地方将球击上看台，但球的落点明显集中在某个区域，就是观众最有可能接到球的区域。不难想象，棒球在不同条件下会有不同表现——例如，强风会将所有的球吹向一个方向，如果击球阵容中全是左撇子击球手也会有这样的影响。追踪地理中心是测量这种移动的完美方法，

图 7.3　美国森林清查与分析计划早在 1928 年就开始测量美国一些地方的树木种群。尽管人们认为这个项目的目的是协助规划伐木，但这个项目为研究树木如何应对气候变化积累了极好的数据集（美国林务局）

因为它捕捉了整个种群的行为，粉丝就能知道应该坐在哪里举起他们的空手套。费松林和他的同事们认为，他们能看到树木为应对气候变化而进行的迁移，他们想得没错。他们研究的 86 个物种里有近 75% 的物种在 1980 年至 2015 年期间发生了明显变动。但它们移动的去向令人吃惊。

费松林解释道："我们以为会看到向北移动，就像其他研究报告的那样。"很多树的地理中心确实是向北移动的。但他们发现更多的树向西移动了，他们立即做了两件事：（1）重新检查自己的分析，确保没有问题（确实没有问题）；（2）彻底查找原因。他们发现，答案存在于降雨和干旱模式。费松林写道："湿度起到了关键作用。"他描述了艾奥瓦州和其他中西部州这些地方的树木群落如何因为这些地方的年降水量提高了 15 毫米以上，而移动得最远、最快。这呼应了加州的一项研究*，那里的植物在向山下移动，而不是向山上移动，同样也是追随降雨的变化，而不是温度的变化。这就提醒人们，物种是对一系列变量做出反应的，气候变化的影响远远不只是某一天有多热。大气中温度更高的空气移动的方式不同，可能会携带更多的湿气，改变从雨雪到干旱、风暴和风等各种天气事件的发现时间和强度。这些因素中的一种或几种能在很大程度上决定某个地点是否适合特定的物种。对于费松林的树而言，有足够的湿度比天气更温暖的吸引力更大。不过，尽管这让人们更加看清了树木**为何**移动，却也提出了一个重要的问题：它们是**怎么做到**的？

我往回朝我的车走时，突然听到了蓝松鸦瓮声瓮气的叫声从下方什么地方传来。我停下来往下看，才发现这片森林的树冠几乎都是橡树树冠。这似乎很合适，因为松鸦和橡树之间的交互作用在树木的长距离移动过程中起到了关键作用。最初是在 1899 年，英国地质学家和植物学家克莱门特·瑞德（Clement Reid）注意到一种匪夷所思的现象。两万年前冰期的冰山曾把不列颠群岛冲刷成光秃秃的岩石，而现在岛上却林木葱郁。瑞德认为，森林回归得这么快简直说不通。“橡树要取得现在在不列颠北部的大部分地盘……可能不得不旅行 1 000 千米才行，在不借助外力

* Crimmins et al. 2011.

图 7.4　蓝松鸦长距离携带橡实到新的区域，把橡实埋起来以供日后取回，这为橡树受气候驱动的快速迁移做出了贡献。总有一些被遗忘的橡实发了芽［照片来源：梅丽莎·麦卡锡（Melissa McCarthy）］

的情况下，这可能得花上 100 万年。”* 他的计算依据是橡实可能在风暴中掉落或被松鼠叼走的短距离。从欧洲南部（上一个冰期欧洲南部的橡树和其他树历经全程存活了下来）出发，以这么短距离的跳跃，确实是旷日持久的旅程。同样的问题也适用于“种子又大又软，无法被毛发或羽毛携带，以及种子在动物消化过程中就失去活力”† 的树，这里就包括其他一些常见品种，如山毛榉和榆树。植物学家很快又发现了一些树木散布速度快得出人意料

* Reid 1899, p. 25.

† Reid 1899, p. 28.

的例子，他们把这种现象称为“瑞德悖论”*。由鸟进行长距离运输似乎是唯一可能的解释，瑞德自己也认真思考过此事，当时他偶然看见一群秃鼻乌鸦在一片远离任何成年橡树的空地上吃橡实。不过，将近一个世纪之后，观测才追上了理论，这个问题终于告一段落。

20 世纪 80 年代，野外技术的进步终于可以让鸟类学家用数字来衡量蓝松鸦对橡实的巨大热情了。在一个季节里，仅仅 50 只鸟就能把超过 15 万颗橡实从一片橡树林里运出、带走，藏在叶子下面或埋在泥土里，为冬天做储备。还有些研究追踪到松鸦经常把橡实从母树那里运到 4 千米开外的地方，还把它们藏在特别适合发芽的栖息地。而且，这些鸟只选那些最健康、最能生长发育的种子，它们判断质量的方法是掂一掂分量，再用喙轻轻敲一敲，跟人挑选西瓜简直一模一样。这些发现确认，蓝松鸦确实推动了冰期以后橡树森林在北美大地的普及。化石和花粉记录显示，这些树以每 10 年 3.5 千米的速度前进——这对松鼠来讲有难度，但对快速飞行的松鸦来讲就易如反掌。这个模式对不列颠也适用——那里的秃鼻乌鸦和欧洲松鸦也发挥了类似的作用。这个说法也可以轻松解释其他依赖鸟类播种的植物种类的迅速蔓延。植物学家不再将植物迁移看作缓慢的扩散，而是开始将其看作长距离跨越和回填的动态过程，像风暴这样的偶发事件会让通过风传播的种子传得更远，从而使事情变得更加复杂。尽管初衷

---

* 悖论简直就像一桩家族事务。瑞德的叔祖辈亲戚——物理学家迈克尔·法拉第（Michael Faraday）的名字也和电化学领域一个更著名的难题联系在一起。

是想要解释过去的事件，但这些观点在现代气候变化时代非常有影响力。这些观点让费松林的研究结果更加引人注目，因为现在树木的移动，似乎比之前古代冰期结束后的移动快多了。

我在艾奥瓦州看到的那种红橡树和白橡树每 10 年一溜烟儿跑出 17 千米以上，几乎是它们在后冰期时代移动速度的 3 倍。霍布叶铁木的速度更快，每 10 年是 34 千米，但跟北美皂荚树比起来也只能甘拜下风，皂荚树的地理中心每 10 年会嗖的一下向西跑出 64 千米！费松林的团队对数字做了进一步分析，发现幼树的反应速度最快，这也说得通，因为萌发和成苗是特别脆弱的时期。数据显示，只要条件更好，小树就会涌入新区域，而条件恶化的地方的小树就会减少。成年树没有那么敏感，但它们也同样遵循着通用成活率和存活率模式。不过，看待费松林研究结果的最佳方式，可能来自一个对显然擅长移动的群体——鸟类——的类似研究。鸟类学家利用全美奥杜邦学会（National Audubon Society）的年度“圣诞鸟类数量”数据表明，作为对气候变化的回应，北美鸟类的冬季生存区也在变动，但移动的速度相对比较从容，每 10 年只有 7 千米多。*

树木有时比鸟类移动的速度还快，这个事实可以提醒我们，自然界的重大迁移不一定很明显。跟上气候变化并不总是要飞向、跑向或游向一个新地点。也可能是一些微妙的事，比如在土

---

* 这个数字是 1974 年至 2005 年追踪的 254 只鸟的平均数值。作者关注了生存区移动的前缘和后缘，以及“数量最多的中心”，与费松林的“地理中心”度量标准类似。参见 La Sorte and Thompson 2007。

壤保持湿润的地方更好地发芽，或在温度更温和的冬季稍微提高一点成活率。而且迁移也不是孤立发生的——迁移并不是动植物唯一的应对方式。“人们常说‘要么走，要么适应’，好像这是非此即彼的选择，”格瑞塔·佩茨尔对我说，“但实际上这两点并不相互排斥。物种是同时迁移和适应的。”正如我们在下一章将会看到的，适应能决定物种去哪里、为何去，或者首先决定它们是否需要折腾换地方。

第八章

适应

大自然的裁决是“适者生存”。
适应她的，她就加以爱护；
不适应的，她就剥夺其生存权。*

——托马斯·尼克松·卡弗

《通常被称为“自利”的自我中心原则》(1915年)

大熊一冲过来，小熊就跑。这是通常无须多言的自然法则。毕竟，一只完全成年的北美棕熊（也叫灰熊）重量可超过 500 千克，时速可超过 48 千米。大型的雄性一般会将体型较小的竞争者赶出主要进食地点，这是我刚刚在一个鲑鱼很多的宽阔三角洲地带观察到的。不过，事情偏离了正轨，被大块头追赶的小熊突

* Carver 1915, p. 74.

然转身冲向了我正在保护的一群人。

作为美国林务局的护林员，我在阿拉斯加派克溪观熊区（Pack Creek Bear Viewing Area）的工作包括照看从附近的朱诺搭乘水上飞机飞来的小群游客。今天的游客们因为有熊靠近而十分兴奋，又是笑又是抓拍照片，好像在他们和两只焦躁的熊先生之间不是只有一块空泥滩地似的。（有时候人不那么靠谱，总得提醒他们不要往林子里逃。）我还负责收集数据，这是服务于一项关于熊对旅游业反应的长期研究。这次遭遇将被记录为“偶然交互”，这是熊之间的攻击性溢出并波及人类观察者的典型例子。我们之前也见过这种情况。有些比较年轻的动物知道朝观看区跑，以此自救，因为它们知道处于优势地位的雄性对人类有所顾忌，不愿意离人太近。果然，大熊很快掉头返回了小溪，小熊安全地从我们这边晃荡过去，气喘吁吁，但没有受到任何伤害。这是一种新奇而有效的策略，生物学家称之为“适应行为”——调整习惯以充分利用新形势。我们把这件事标记成一个有趣的脚注，完全没想到气候变化很快还会触发一种更重要的行为变化，牵涉到熊和鲑鱼溪流之间关系的核心。

当你在超市或餐厅买三文鱼（鲑鱼）片的时候，你得到的是脊骨和肋骨两边、从腮盖后面一直到尾部的那部分肌肉。我们全家都爱吃鱼，大家都喜欢靠近腹部的鱼片，那里的脂肪含量是鱼身其他部位的 5 倍。熊也知道这个窍门，它们经常只吃鱼腹或其他精选部位（比如鱼脑、鱼子），以这种方式来提高自己猎物的品级。我还见过熊用前爪把一条鱼的尾部固定在地上，然后用牙齿干净利落地剥下一条条富含脂肪的鱼皮。对于人来讲，吃肥肉是口味问题，但是对于熊来讲，重点是营养以及增重的迫切需要。

棕熊是杂食动物，它们的觅食策略广得惊人。沿海的棕熊除了捕鱼之外，还吃草和苔、捡水果甚至挖蛤蜊，内地的熊吃的零食更是从蛾幼虫到野玫瑰果，包罗万象。采取自助餐喂养方式的圈养熊，总是会选择主要由碳水化合物或脂肪组成的饮食，蛋白质占可获取能量的 17% 左右。这个比例能让熊的体重获得最大的增长，这一点对于有半年时间在窝里冬眠、靠肌肉和脂肪储备来生活的动物是一个重大考虑因素。熊整天吃鲑鱼就会获得大量的卡路里，但即使它们只吃脂肪含量最高的部分，这也仍然属于蛋白质过高的饮食*——比例高达 70% 甚至是 80%。学术论文将这种情况描述为“次优选择”，但我遇到的一位研究者的说法更生动，他说这么吃让熊“严重拉肚子，还有别的麻烦”。不过，鲑鱼数量上的丰沛还是胜过了营养缺陷，而且人们长期以来都认为吃鱼是熊的一大习性。即使在专家当中，熊喜欢鲑鱼也几乎是一个公理。但是，在我工作的派克溪以西约 1 125 千米的科迪亚克岛，最近的气候变化检验了这个假定，而一群野外生物学家有幸亲眼见证了这个过程。

---

* 熊并不是唯一吃太多蛋白质就很难增重（或保持体重）的动物。从阿特金斯饮食法到降糖减肥法再到迈阿密饮食法的减肥计划都依赖高蛋白模式。比如，遵循斯蒂尔曼饮食减肥法的人要从蛋白质中摄入 68% 的热量，跟鲑鱼溪流边的熊多少有点像。

图 8.1　历史上，熊和鲑鱼之间的关系留下很多图中这样被咀嚼过的鱼尸。但在阿拉斯加科迪亚克岛，这种情况开始改变了，岛上的熊放弃了可以捕鱼的溪流，转而去吃提前成熟的接骨木果（照片来源：索尔·汉森）

“这件事就在我们眼前发生了，”威尔·迪西（Will Deacy）解释道，“熊都卷起铺盖走人了，离开了溪流。”我给他打电话问2014年夏天的事，当时他的博士研究也发生了适应性转变。作为野生生物研究者，迪西已经完成了他所谓的“一般性的工作”，对竹节虫、陆龟等物种进行了一系列短期研究，然后他发现自己对科迪亚克岛的熊特别感兴趣。不过当时他还没有想把论文的方向改成气候变化的影响。（他坦言，研究生们普遍觉得“那有点太老套”。）当时他在记录熊如何从一个流域到另一个流域，追踪不同鲑鱼洄游的时差，好延长自己的渔期。一切都按计划进行着。他麻醉了将近40头野熊，给它们佩戴了GPS项圈。他安装了缩时摄影机，监测4条主要溪流的鲑鱼数量。但是后来，就在鲑鱼数量开始达到峰值时，他的研究对象突然停止了捕鱼，退出了舞台。

迪西回忆道：“我们很幸运，我们当时正好有工具记录下一切。”因为他们已经在数鲑鱼，所以他们知道熊离开并不是因为缺少食物。由于他们已经给熊佩戴了项圈，所以他们能跟在后面，看看这些动物到底要去哪儿。无一例外，走掉的熊先生都放弃了可以捕鱼的溪流，爬上了山，那里有它们惦记的一件事：浆果季。要知道，熊吃浆果并没有什么特别。蓝莓、蔓越莓，还有其他富含碳水化合物的小水果，永远是晚季热量的重要来源。但是在2014年以及接下来的一年，温暖的天气触发了浆果的早熟（显然，熊对这些浆果的爱胜过其他一切，甚至超过了鲑鱼）。

迪西说：“接骨木果很奇怪。”起初我以为他指的是气味，这种气味因为英国巨蟒喜剧团（Monty Python）用过的一个“接骨木果味”的冒犯哏而变得很有名。尽管它们确实有点令人讨厌的霉臭味，据说生吃还能让人恶心，但阿拉斯加沿海的红色接骨木果有一种营养上的怪异特点，让它们成了熊的完美食物。大部分浆果所含的蛋白质几乎测量不出来，但红色接骨木果的蛋白质含量接近 13%——非常接近于喂养试验中熊所青睐的 17%。而且，接骨木果的其他热量都是碳水化合物的形式，因此能比熊吃的任何其他东西都更快地让熊胖起来。长期以来，这种几近完美的食物一直躲避着生物学家的视线，藏身在秋天鲑鱼洄游衰退时沿海的熊转而去吃的其他水果里。迪西的团队有这种意外发现，是因为如今气候变化改变了场景。对于接骨木果来讲，早春变暖、夏季更炎热迫使物候发生了改变，将它们开花结果的日程提前了两周多。越来越多成熟的浆果在鲑鱼季的中间就可以获得了，这迫使熊做出选择：是继续遵循以前的捕鱼日程而错过最爱的水果，还是改变自己的行为，跟上时代？

迪西对我说：“对熊来说，走是对的。”假定它们在这一季晚些时候还能找到足够的食物，放弃鲑鱼去吃接骨木果对它们也没有什么伤害。实际上，他推测，以大体格出名的科迪亚克岛棕熊可能会因为调整了饮食而长得更大。“更大的问题是这会如何影响其他物种。”他说。这也正是气候变化生物学的一个中心议题——在一种关系里出现的小变动会如何对其他关系产生级联效应？吃的鲑鱼少了，熊往溪岸上和周围树林里拖拽的鱼尸也少了，这减少了各种食腐动物的食物，也限制了能量从海洋向陆地系统的重要流动。（腐烂的鲑鱼会成为土壤的肥料，加速植物的生长，贡献氮、磷和其他营养物，从食草动物到它们的捕食者再往上，在整个食物网中流动。即使是鲑鱼溪流附近的鸣禽和蜘蛛，身体里由鲑鱼产生的营养物也达到了可测量的水平。）迪西预计，50 年或 100 年后，科迪亚克岛溪流与河流沿岸的植被和生物多样性可能会呈现十分不同的面貌，而这种变化在很大程度上是由熊的口味（和适应性）驱动的。

我们的对话就要结束时，威尔·迪西加了一句告诫。他说："我想在熊这样的多面手杂食动物和其他物种之间画一条线。"他解释说，广泛的食谱和高度的移动性让棕熊对环境变化的反应特别灵敏。从鲑鱼转向浆果只需要上个山，而且它们可以在果实碰巧成熟的任何一天上山。或者，如果浆果歉收，下山回到溪流再开始捕鱼对熊来说也是同样简单。固着生物或只吃某种食物的生物食谱范围有限，缺少这类选择，因此更可能在迅速升温的影响下难以为继。他强调："气候变化对杂食动物和多面手有利。"这也是动荡时期的另一个基本教训：灵活性很重要。在生物学中，这是一个重要到足以有自己词汇表的概念，讽刺的是，这个词汇表的第一个词就经常被人们与化石燃料生产的产品联系起来。

* * *

质量漫画公司（Quality Comics）于 1941 年推出了动画人物"塑胶人"（Plastic Man），时值聚酯纤维和特氟龙发明后不久，当时树脂玻璃窗和尼龙袜还是昂贵的新奇物件。出版商希望利用人们对这类新型合成材料的追捧，早期封面还印着戏剧化的口号："他伸展……他折叠……他是塑胶人！"这位红衣大侠得心应手的变形能力可谓恰如其名，不仅让他以几百种形象出现在印刷品和胶片上，还为他赢得了终极超级英雄荣誉——正义联盟精英部队成员。[他早期的助手伍奇·温克斯（Woozy Winks）就没能这样，温克斯身穿绿衣，享有大自然母亲赋予的魔力和保护。]对于塑胶人的成功，生物学家应该不会感到意外——灵活性在自然界中一直具有显而易见的优势。至少自19世纪50年代以来，专家已经在用"可塑性"这个词来描述动植物的一种"超能力"：为应对环境变化，在习惯甚至是身体上能屈能伸。

从广义上说，可塑性指实时的适应：一个个体在一生中能够做出的各种调整。（适应也可能是进化适应，在几代中逐渐发生遗传变化；我们在下一章讲这个问题。）当熊改变了饮食，这种行为变化就是可塑性的一种形式。但可塑性变化也可能反映在身体上，就像我们适应天气的变化一样，所有人凭借经验就可以知道。在凉爽湿润的太平洋西北地区长大的我，还记得到南加州上大学时的震惊。当时南加州处在夏末的热浪中，温度超过38摄氏度。我父亲警告我："住在那儿会稀释你的血液。"那当然不是真的——加州人的血液并不比其他地方人的稀薄。但他怀疑我的身体能不能适应新环境这一点倒是对的。心率和耗氧量的轻微下降，以及汗液的稀释和皮肤血流量增加，都属于身体适应较热天气的过程。几周之后，这些无意识的身体调整，再加上每天穿短裤和T恤的行为适应，就让人感到加州阳光下的生活无比正常了。[*]

对天气的应对当然是短期的、可逆的，不过可塑性也能带来长期的改变，特别是发生在生命早期的时候。生长潜力可能是最广为人知的例子。对很多物种来讲，包括我们自己，成年体型部分取决于最初发育阶段中收到的信号。[†]像营养不良这样的环境应激源可能会设定一个限制未来生长的轨迹，即使后来条件改善也不会改变。这种反应被认为是适应性的，因为它的作用就像正在生长的身体的早期预警系统，提示周围环境比较艰苦（或至少不可预测），可能缺乏食物和其他支撑更大体型的必要资源。[‡]历史学家和生物学家认为这可以解释人类身高与生活条件之间的密

---

* 另一个关于人类可塑性的常见例子跟高纬度生活有关，空气中缺氧，身体就会通过多产生红细胞，以及调整呼吸模式、心率、血压等等来进行弥补。人们认为运动员通过在这样的环境训练或睡觉，可以获得暂时的优势，因为这样可以在他们回到较低海拔比赛时提高他们的摄氧量。这就是为什么主要的美国奥林匹克训练场馆坐落在落基山脉山麓，为什么很多欧洲代表队在阿尔卑斯山训练，为什么澳大利亚（全球最缺少山脉的大陆）的优秀运动员会花时间待在可以控制气候的“高原小屋”里，里面是模拟9 800英尺以上环境的人工大气。

† 总体而言，一个人的身高80%是受遗传控制的，最终20%归因于可塑性和环境影响。不过也有很多变化，因为至少有50种不同的基因参与其中！参见McEvoy and Visscher 2009。

‡ 从鸟类到仓鼠再到智人，到处都能看到这种有趣的联系。发育期和童年早期的应激反应会导致身材较小、新陈代谢放缓，以及一系列其他生理差异。人们认为这些都是对可能缺少食物，导致个体可能很难保持较大体型的严酷环境的适应。不过，如果生命后期环境发生巨大变化，高效的小体型可能也会成为问题。比如，较小的个体可能在处理丰富的食物时遭遇健康问题，可能很难与较大的个体竞争，较大的个体更适合利用丰富的资源。参见Bateman et al. 2004关于这种可塑性如何影响人类患病率的有趣讨论，其中包括与2型糖尿病的推定联系。

切联系。近几个世纪，发达国家的人长得更高，不是通过遗传改变，而是通过可塑性，因为母亲和孩子的营养改善（换句话说，是他们环境的改变）触发了通向更大体型的内在路径。

毫无疑问，可塑性有助于动植物在一个不断变化的星球上避开各种打击，但可塑性远远不是平均分配的。有些物种可塑性很强，它们的基因编码里已经植入了各种潜在的身体和行为反应。例如，药用（西洋）蒲公英的种子在不同的条件下会长成十分不同的样子，比如可以贴着地皮开花以避开割草机刀片，也能在旷野里猛长到将近 0.9 米高。长在干燥、遍布沙砾的路边，蒲公英的叶子就是锯齿状的，充满了苦涩的乳胶，但如果是在几米外浇灌得很好的草坪上的蒲公英，就嫩得可以做蔬菜沙拉。蒲公英可以在任何月份开花，活上一年或者十年，不需要传粉就能产生成千上万的种子。这种特点让它们成了厌恶杂草的园林设计师的眼中钉，但在气候变化的情况下，它们的可塑性就像一张保险单，是对不可预料未来的一种对冲。相比之下，有密切亲缘关系的加州蒲公英几乎没有展现出什么可塑性。它只在初夏开花，需要蜜蜂异花授粉，而且只生长在湿润的亚高山草甸边缘。尽管这两个物种看起来几乎是一样的，在可塑性方面的差异却能使一个无处不在、适应力强，却让另一个极度濒危*，而且只生长在迅速变暖的圣贝纳迪诺山脉少数危险的位置。

---

* 更糟糕的是，加州蒲公英欣然接受了它们更常见表亲的花粉，于是这个物种还面临着通过杂交在基因上被湮没的风险。

图 8.2　可塑性的例子近在咫尺，比如你可以在附近看到的药用蒲公英（*Taraxacum officinale*）。我只花了几分钟时间就在我家附近生长的成熟个体（正在开花或含苞待放）的全尺寸叶片中，找到了这一系列形状、大小甚至颜色都不一样的叶片。其中的差异体现了这种植物对从汽车道到人行道，再到旷野、林荫草坪等不同生长环境的应对方式（照片来源：索尔·汉森）

可塑性的好处很大，它的影响却常常是肉眼很难发现的。叶子锯齿状更明显的蒲公英看起来仍然是蒲公英，一只大嚼接骨木果的熊显然也还是熊。现在正在进行的为气候变化而做的无数调整也都是如此——卷入其中的物种进行了调整，但它们在各自的群落里，仍然扮演着非常容易识别的角色。不过，在某些情形下，可塑性达到了惊人的极致，展现了某些生物在应对环境变化时的能力。例如，在 2009 年和 2010 年水温大幅升高 * 后，美洲

* 这次海洋热浪与厄尔尼诺事件有关，气候科学家预计厄尔尼诺的频率和强度会随着地球变暖增加。有趣的是，可能正是因为过去经历过这样的循环，美洲大赤鱿才进化出并保持了惊人的可塑性，人们现在预计这种性状可能会帮助它们经受住气候变化的挑战。参见 Hoving et al. 2013。

大赤鱿就似乎从墨西哥加利福尼亚湾的传统渔场消失了。所有人都这么以为，直到调查发现，鱿鱼不仅还在，而且比以前更多了。它们并没有离开，而是采取了一种截然不同的生存策略来应对热应激。它们把成熟和繁殖的时间缩减了一半，吃不同的食物，寿命减半。因此，新的成年体只是之前体型的一半——常常小到咬不住之前用来捕捉美洲大赤鱿的诱饵。渔人倒是钓上来过几只，却以为它们还未成年，或者完全是其他物种。

当体型发生变化时，极端可塑性是最容易在快速生长的物种中发现的，比如美洲大赤鱿。如果一代甚至两代在一年里成熟，身体形状和尺寸的不同很快就会变得很明显。不过，可塑性还能以变革性的方式影响行为，让众所周知的物种也看起来完全不同。在2016年年中，西太平洋大片珊瑚白化导致一种特别著名的攻击性岩礁鱼类一夜之间改变了昔日的个性，就像威尔·迪西见证了棕熊的改变一样，一群海洋生物学家刚好坐拥天时地利，见证了这件事的发生。

* * *

萨莉·基斯（Sally Keith）观察了很多蝴蝶鱼。对于一个想研究竞争行为的海洋生物学家而言，它们是理想的观察对象——精力充沛，有领地意识，还足够聪明，即便是在热带礁石五彩斑斓的混战中也能脱颖而出。很多物种以珊瑚为食，对所有外来者积极捍卫着自己的一亩三分地。几乎没有一分钟没有争夺和追逐，这让数据收集也一直充满活力。如果你要花几百个小时在水里，拿一个写字夹板盯着鱼看的话，就会知道我这并不是瞎操心。2016 年，基斯和她的同事们就做了这样的事，他们观察了西至印度尼西亚，穿过菲律宾，北至日本的十几处岩礁。这么大规模工作背后的想法是要看看物种边界附近的竞争是否增加了。如果不同类型的鱼在生存区重叠的地方打架更多，这种交互作用可能有助于确定一个品种的生活范围在哪里结束、为何结束，以及另一个品种的生活范围在哪里开始、为何开始。这是一个有趣的问题，但可能也不会有答案了，因为这个项目进行到中途，一股海洋热浪把水温推高，事情发生了意料之外的转向。

造礁珊瑚可能是自然界最有名的“共生”例子，在这种关系中，两种独立生物都能从彼此交互中获益。个体珊瑚虫是非常小的动物，是水母的远亲。（我们所认为的单个珊瑚，是很多珊瑚虫群体共同构成的。）就像水母一样，珊瑚虫也有触角，有些珊瑚虫会捕食浮游生物或小鱼。但珊瑚虫的大部分食物来自寄居在其中的更小的生物，一群游动的单细胞生物，叫“甲藻”［也叫共生生物、共生藻类，或者，用一个更难拼的词，叫“虫黄藻”（zooxanthellae）］。就像植物一样，这些红红绿绿的微小浮游生物利用光合作用，把阳光制成糖。它们与寄主分享这种能量，得到的回报是自己在阳光灿烂的地方得以安居。

如此依赖阳光，就可以解释为什么造礁珊瑚在浅滩、潟湖边缘、环礁以及紧贴海岸线的地方长势最佳。不过事实证明，水的温度和深度一样重要。如果水太热，珊瑚和它们的甲藻就会变成在闷热的公寓里吵架的室友。最终，它们一拍两散，这个过程就是所谓的“白化”，因为没有了五彩缤纷的伙伴，珊瑚就变得惨白了。白化的珊瑚能短暂生存，有时，如果水温及时下降，它们甚至会重新吸引甲藻。但持续的热浪会导致珊瑚生病、饿死，气候变化正在让这种致命事件越来越常见。之后整个珊瑚礁系统都会遭殃，很多研究都记录了鱼类和其他珊瑚礁居民的突然绝种和数量大幅下降。不过基斯的团队成为最早见证和测量物种迅速适应新条件的一批人，这让他们的考察工作变得极其单调乏味。

基斯在邮件里写道：“白化之后，观察鱼就变得无聊多了！”（严格地讲，她在兰卡斯特大学工作，但目前正在休产假，不过，她研究、出版、更新博客和广泛通信的速度似乎并没有放缓。）“以前每观察五分钟就能看到两起攻击性互动，”她继续写道，“现在一般都看不到。”

幸运的是，研究小组没有让无聊妨碍他们对 38 种不同的蝴蝶鱼进行惊人的 2 348 次观察。所有这些数据都指向了同一个方向：珊瑚白化时，鱼会变温和。白化事件后，敌意互动平均减少了三分之二，几周时间就把侵略者变成了相对和平主义者。对于基斯来讲，这个结果呼应了教科书上对稀缺资源竞争的预测。理论上——实际上现在也很明显——当食物变得实在难找时，竞争对手会减少竞争，因为斗争的代价大于胜利的好处。白化的珊瑚没什么可吃的，如果珊瑚死了，吃它们就没有任何意义。在这个热量不足的环境里也是这样，蝴蝶鱼变得温顺，是为了节约能

图 8.3　图中这种蝴蝶鱼属（*Chaetodon*）的蝴蝶鱼领地意识很强，它们在气候相关的珊瑚白化事件发生后，极大改变了自己的行为。在食物来源稀缺时，它们变温顺了，把精力从打架转向了进食、散布和其他对生存而言更重要的事［照片来源：埃利亚斯·利维（Elias Levy）］

量，* 这是一种彻底的行为转变，可能只会让它们无限期地勉强维生，指望着温度能降回对它们最爱的珊瑚更友好的程度。

考虑到可塑性的明显优势，就会有一个疑问：为什么有的物种没有进化出这种能力？答案在于与现在不同的一种情况：气候稳定性。在相对平静的时期（在某些栖息地，这种时期可能持续几千年或更长时间），进化的压力常常更能促进特

* 基斯认为，这种鱼可能在把能量从繁殖和攻击性转移开，这就可以解释为什么在白化事件发生几年以后，它们的数量也没有减少。温顺是一种节约能量的行为，可以让成年鱼艰难地活下来，但它们最终变老死掉后，就不会有新的一代接续它们了。

化。随着时间的推移，竞争会推动一些物种找到提高功效的方法——支配或利用特别的资源或生活方式，以取得与邻居相比很小但是很重要的优势。这种情况的发生经常是以灵活性为代价的——如果你想成为某种乐器的大师，你就不能什么乐器都玩。结果就是在特化（在情况稳定时有用）和可塑性（在情况变化时有用）*之间形成进化张力。吃珊瑚的蝴蝶鱼就体现了这种张力。掌握消化石珊瑚这项艰巨任务开启了一个机遇，可以让它们在好时候数量激增，但现在海洋在变暖，这么窄的食谱令它们变得脆弱。迅速将举止从攻击性转变为温顺是一项壮举，但基斯和其他科学家将之视为权宜之计。如果白化的珊瑚不再恢复，蝴蝶鱼的长期成功可能要取决于一项代表更强可塑性的行为——找别的东西吃。

同样的难题在各处上演着，物种都在拼命把以前行得通的适应性改变与迅速变化的种种新条件调和起来。这种情况提出了值得关注的问题，特别是在可塑性不足的情况下：如果动植物原本不具备应对气候变化的能力，它们是否有可能想出新办法？新性状的进化能否追上正在出现的挑战？2014 年，几十位顶尖专家审阅了几百项研究提供的证据，把他们的结论发表在《进化应用》（*Evolutionary Applications*）的一期特刊上。他们的结论

* 理论上，只要环境是变化的，可塑性就能给物种一定的优势。谈到纬度问题，有一些这方面的证据，温带区域的动植物常常（但并不总是）表现出比它们的热带亲戚更高的可塑性。这种模式可能是逐渐演变而来的，因为较高纬度每年会经历更极端的季节事件，在更新世期间也有很长的冰川事件气候剧变历史。

是，迄今绝大多数记录下来的气候变化应对方式都可归结为可塑性——一个物种已经拥有的某种潜在性状或行为的表达。但在一些为数不多但数量逐渐增加的案例中，生物学家开始确认和测定正在发生的进化现象，最令人信服的一个例子来自飓风、蜥蜴和一种常见的后院落叶清扫机的交集。

第九章

进化

如果我们希望事情保持不变，事情就不得不变。*

——朱塞佩·托马西·迪·兰佩杜萨《豹》(1957 年)

毫无疑问，柯林·多尼赫（Colin Donihue）有一连串的好运气。在耶鲁和哈佛度过一段时间后，他得到了人人向往的法国国家自然历史博物馆的博士后研究员职位。主要研究对象是他最喜欢的蜥蜴。不仅如此，他的野外考察地点还是加勒比海的旅游胜地——特克斯和凯科斯群岛。2017 年秋天，他造访了群岛中心的两个小珊瑚礁，那里的人们正在努力根除外来入侵的非本地老鼠。在这些老鼠的众多罪状中，有一条是它们会捕食当地特有的一种蜥蜴，这种蜥蜴是安乐蜥属，是与鬣蜥和变色龙有关的一种

* Di Lampedusa 1960, p. 28.

小型新大陆物种。多尼赫和他的团队捕捉、测量、放归了几十个这种小小的爬行动物，计划第二年（等老鼠都没了）再返回看看种群有何进展。（其他加勒比岛屿上类似的灭鼠行动对蜥蜴都是有好处的。）然而，在完成考察工作 4 天之后，精心制订的计划泡了汤，一场猛烈的飓风正面袭击了他的研究地点。

“实际上是两场飓风。”我给多尼赫打电话询问时，他澄清了一下。先是飓风厄玛袭来，用暴雨、风暴潮和时速超过 280 千米的五级风重创了加勒比东部。仅仅两周后，飓风玛利亚又以同样的强度席卷而来。多次风暴摧毁了多尼赫的蜥蜴居住的那类低洼岛屿，把树木连根拔起，把建筑物夷为平地，把自然群落和人类社区都搅了个天翻地覆。不用说，研究人员将老鼠项目无限期搁置了。但是对多尼赫来讲，这个挫折也提供了一个机会。尽管他关于蜥蜴和灭鼠的研究不得不先放一放，但现在他突然处于研究飓风影响的最佳位置了。是否有蜥蜴活了下来？如果有，如果活下来的种群与他刚刚测量过的不一样，那么他也许能记录下正在发生的自然选择。

多尼赫承认：“我觉得成功的机会很渺茫。”但从理论观点来看，接连的飓风构成了强有力的进化试验。问题是：是否有某种性状能帮助蜥蜴在风暴中活下来？如果答案是没有，活下来纯属机会问题，那么再次调查种群就是浪费时间。但如果答案是有，那么多尼赫的团队就可以试着确定是哪些性状，还可以观察这些性状在飓风后种群中的分布情况。“我们也不知道该期待什么，”他对我说，“但我知道，我们不会再有机会获取这类数据了。”于是他凑了凑钱，回到了加勒比，重复了一次自己6周之前刚刚完成的考察项目，来了场科学上的故地重游。

多尼赫回忆道：“我们的时间很紧张，所以一整天都在抓蜥蜴、测量蜥蜴。”不过他描述这趟旅程的语气明显很快乐，好像这是谁都想在热带岛屿上花时间做的事似的。在谈话中可以看出，多尼赫对待科学的热情简直过了头。他似乎是那种别人都去泳池边的吧台休息了，他还一直在工作和思考的人。这也许就是他这么快就意识到回去重新调查蜥蜴的潜在价值的原因。肯定也是因为这样，他能突然想到带上一个落叶清扫机。

“海关的人非常纳闷。”他想起自己努力解释带着大型园林绿化设备去旅行的科学原理时的情景，放声大笑。“我们需要知道蜥蜴在飓风级风力下如何表现，”他对我说，“它们完全有可能赶紧逃跑，或者躲到树根里。”因为在真正的飓风里观察蜥蜴是不可能的，多尼赫就在酒店的房间里用落叶清扫机模拟这样的场景。他把抓住的蜥蜴放在棍子上，启动吹风机，这样就能观察它们在各种不同条件下的反应。在微风里，蜥蜴匆匆跑到棍子背风的一面，紧紧抱住棍子。随着风速加大，它们的后腿开始滑脱，等到风力达到飓风强度，它们只用前腿死死抱住棍子，让身体像旗子一样在后面随风飘舞。对于视频网站YouTube上成千上万看视频的人来说，这个实验只是一个关于科学探索的有趣视频。对于多尼赫来说，观看这些被风吹的爬行动物却为他在飓风后数据中发现的惊人模式提供了一个确切的解释。

在旅途的最后一晚，他们开始计算数字，立刻发现了一些重要的情况。那些在两场风暴中紧紧抱住树和灌木活下来的蜥蜴，有着明显更大的脚趾垫和更长的前腿——这是落叶清扫机实验揭示的那种对抓力有利的性状。另外，它们的后腿更短，显然，当它们的身体在后面飘舞时，这样有助于减少在最强风里的拖累。后来，多尼赫和他的团队进行了各类统计测试，确认证据确凿。仅仅 6 周时间内，他们研究的种群里的蜥蜴就通过自然选择明显变化了——发生的转变对具有有益性状的个体更有利。换言之，适者生存。

多尼赫说，知道飓风能驱动进化真是惊人，不过实际上最令他震惊的是接下来发现的事——因为他的好奇心很难被单独一项

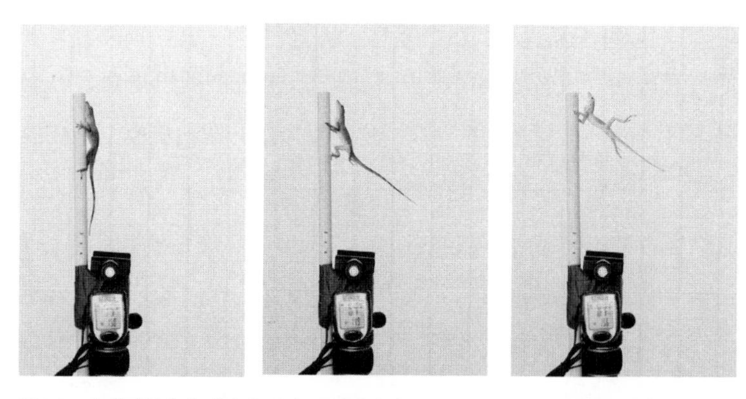

图 9.1　在落叶清扫机吹出的时速 56 千米的微风里（左图），一只特克斯和凯科斯群岛的安乐蜥（*Anolis scriptus*）挂在棍子背风的一面、紧紧抱着棍子。将风速提高到每小时 103 千米时（中图），它的后腿开始打滑。到飓风（时速 135 千米）级别时（右图），它的后腿在后面飘荡，像一面旗子。这种姿势有助于解释为什么飓风后的幸存者有强壮的前肢，有抓力更好的较大脚趾垫，同时后腿更短、拖累更少（在这个实验里所有被吹落的蜥蜴都被柔软的网子兜住了，所有参与实验的蜥蜴都毫发无损地回到了野外）（照片来源：柯林·多尼赫）

重要发现满足。像所有“好科学”一样，多尼赫的研究是一个持续的过程——由一个问题引出更多的问题，每一项新发现都建立在上一个发现的基础上。他想知道的第一件事就是这些变化能否传递下去。如果抓力性状不能遗传，也就不重要了。因此，第二年，他再次收拾行装返回，又在 6 个月后再次重复了捕捉、测量和放归的常规程序，估计岛上他研究过的每一只蜥蜴都跟他混熟了。两次旅途产生的结果很明确：小蜥蜴明显从父母那里遗传了大脚趾垫和其他为飓风做好准备的性状。不过这也提出了另一个问题：这是一种短暂的突然转变，还是说频繁的飓风能引发长期的进化趋势？

多尼赫告诉我，他在这方面做了很多工作，但这个问题并不好回答。自然选择经常会让性状“摇摆”，发生轻微变化。例如，大脚趾垫可能在强风里很有用，但在更常见的条件下就没有意义，甚至很不方便。如果是这样的话，在飓风不频发的情况下，选择压力会在几代之内很快将大脚趾垫带回到“正常的”尺码。对多尼赫而言，问题变成了飓风是否能导致持续的变化，将性状一直往一个方向推，经历很多代，带来持久的结果。要弄清这个问题，他需要三样东西：更多的蜥蜴、更多的飓风、更多的时间。

为了找出解决办法，多尼赫开始从不同的角度思考，这把他引向了不同的学科。他找到了一位气象学家，两人一起绘制了加勒比各地飓风的历史地图——将飓风经常发生的地点和频率量化。通过对比这张地图和相同地区分布的各类安乐蜥物种和种群，他发现了一个明显的模式。只要是飓风更常见的地方，蜥蜴的脚趾垫就更大。抓力选择确实呈现出方向性，而且已经发生了很长时间，塑造了经常处于极端大风条件下的蜥蜴的脚型。这意味着，多尼赫在特克斯和凯科斯群岛考察的结果是某些更大现象的一部分，这也把他的工作推向了气候变化生物学的前沿。他赞同地说："这是气候变化生物学的关键。"通过确认应对天气的实时进化，多尼赫成为最早揭示气候变化不仅在改变物种行为，也在改变物种自身的科学家之一。

柯林·多尼赫告诉我他有一些专门针对飓风和进化的长期研究项目计划。他热切希望探究他在飓风厄玛和飓风玛利亚之后观察到的一些其他反应，比如受损乔木和灌木异常快速地重新生长。自然选择是否也更偏爱适应风的植物？昆虫、鸟类或哺乳动物的情况又怎样呢？已经有受到多尼赫工作启发的研究者发现了在蜘蛛中存在飓风选择的证据，具有好斗性状的蜘蛛在风暴后的种群中迅速蔓延。（显然，环境艰苦时，不友好的蜘蛛比友好的蜘蛛过得好。[*]）对于年轻的科学家而言，探究这些问题可以提供良好的职业安全感，因为尽管没有气象学家会将某场飓风归咎于全球变暖，但气候科学家都认同，强烈风暴发生的频率在上升。各类极端天气都是如此——当你把更多的能量（换句话说就是热）送入一个系统，后果就会变得更严重。用锅煮饭的时候改用

---

* 文中所说的这种蜘蛛群居在溪流上方悬挂着的大网上。专家们尚不能认定为什么富于攻击性的群体在暴风雨后更加兴旺并能将其性状传递下去，不过这可能与制服有限猎物的效率或驱赶竞争者的能力有关。参见 Little et al. 2019。

大火，你一片狼藉的灶台就能让你明白这个道理。*

极端天气让人难得快速地洞察进化过程。极端天气互不关联，又能造成很大影响，如果研究者抓住时机，就有可能在几周甚至几天之内测定一个种群所受的影响。不过气候变化也会触发更持久的反应，现在已经过去了足够长的时间，至少某些趋势变得明显起来。例如在芬兰，灰林鸮有从浅灰色到艳丽的红棕色的很多种颜色。以前，自然选择偏爱灰色，保护色或其他一些与颜色有关的性状可以在漫长冬日的皑皑白雪中赋予它们优势。但气温变暖、积雪减少逐渐削弱了这种优势，导致过去 50 年里棕色灰林鸮的出现率提高了近 200%。在苏格兰，斑点木蝶也出现了可测量的进化，那些在生存区占据优势地位的斑点木蝶长出了更大的翅肌，能为向北飞到更远的温暖舒适的新地区提供力量。这种案例研究非常具有说服力，但生物学家认为这只完成了一半任务。要符合记录进化的黄金标准，野外观察到的变化就要与驱动该变化的遗传变化相匹配。这绝非易事，但多亏 DNA 分析工具

---

* 厨房里还能上一课，也是关于气候变化的，与海平面上升有关。尽管南极和格陵兰岛融化的冰盖加剧了全球的海平面上升，但目前超过半数的上升可以归因于热量。简单地说，更温暖的水会占据更多的空间，温度上升的海洋也是如此，海水的体积也会变大。证明这个原理（反向证明）可以通过一个厨房实验，非常简单，但对我们某些人来说还挺难做成：倒一杯热咖啡，然后忘记喝。如果你能做到这一点，同时又记得在咖啡热的时候量一下它的深度，那么，当你再来看这杯被遗忘的冷咖啡时，你会发现有变化。在我的实验里，咖啡凉了以后水平面下降了超过 6 毫米，看起来就像有人喝了一大口。尽管损失的体积中有一部分是蒸汽，但大部分差异还是由温度下降单独导致的。（如果你打算跟我一样，继续喝掉这杯冷咖啡，我建议你用金属尺子来测量。事实证明，木尺子上的清漆会融化在热的液体里，后来我才意识到这是咖啡里有股怪味的原因。）

的进步，实现这一点的可能性越来越高。最近，彼得·格兰特（Peter Grant）和罗斯玛丽·格兰特（Rosemary Grant）在普林斯顿大学的团队就在对加拉帕戈斯群岛雀科小鸟的长期研究中成功做到了这一点，他们将决定鸟嘴形状的一个基因与适应、选择甚至物种形成的模式联系了起来，这种鸟因达尔文而出名。（尽管格兰特夫妇的工作并不是专门侧重于气候变化的，但在40年观察中最戏剧化的两例自然选择事件明显都与天气有关——罕见的久雨期，还有为期两年的干旱。）

随着气候驱动自然选择的证据越来越多，出现了专门研究一

图9.2 芬兰的暖冬和积雪减少导致灰林鸮的羽毛颜色发生了可测量的转变，一度稀少的棕色外表变得越来越常见，灰色越来越少［《中欧鸟类博物志》（*Natural History of Central European Birds*, 1899）］

些比较冷门的进化选择的平行研究。这是因为“适者生存”远远不是物种进化的唯一方式。择偶也发挥了作用，达尔文将这一过程称为“性选择”。这个概念涉及吸引力，认为个体根据特定可识别特征选择配偶。一旦确立这种偏好，潜在求偶者之间的竞争就能激发那些理想性状迅速进化，甚至达到夸张的程度。鸟类的繁殖羽可能是最著名的例子，从雄孔雀到公鸡再到各类公鸭，都发展出了精美的雄性专用服饰。对于鸣禽而言，近来的迁移变化表明，气候模式正在令性选择变得更加重要。在欧洲各地，外表最华丽的物种的雄性率先利用春季变暖，更早到达繁殖地抢占有利地位——实际上也就延长了竞争和展示的季节。但如果白领姬鹟能说明什么的话，那就是羽毛也并不一定要变得更花哨。性选择很像一条双向路，在波罗的海一个岛屿上，气候变化没有让姬鹟变得更艳丽，而是让它们更朴素了。

从正面看，雄性白领姬鹟的额头有一小片白色区域，看起来有点像一个纸皇冠，上面蓬松的短羽毛与黑色的眼睛、喙和头形成了鲜明对比。雌性特别注意这个特征，而研究者特别注意结果。从 1980 年开始，对瑞典哥特兰岛一个种群的详细观察表明，前额白片更大、更显眼的雄性可以赢得更多的交配机会、产生更多后代。简言之，雌性更青睐这样的雄性。* 然而，最近这

---

* 长期以来，进化生物学家都在争论性选择的重要性，以及是什么驱动了性选择。这个过程是否只是一个青睐的问题，为美而美？抑或受青睐的性状与某些潜在的健康标准有关，本质上是适合做父母的广告？两种观点都有证据支持，它们也没有必要互相排斥，但也许比较稳妥的说法是，这些不确定性常常将性选择排除在进化的聚光灯下。关于这个主题的积极探索可参见 Prum 2017。

种趋势完全逆转了。出于某种尚未确定的原因，春季气温升高让前额白片突然失去了吸引力，或者也可能是雄性要保持这个白片的代价太高了（比较大的白片会引来更多对手的挑战，在热天打架要耗费更多能量）。不管是出于哪种原因，前额显眼的雄性现在繁殖得更少了，导致每一代的白片面积越来越小。这是一个进化上的惊天大逆转，但很多生物学家认为这只是更广泛趋势的一部分。性选择也许可以由吸引力驱动，但最终还是要归结为简单的经济学。在奢侈的装饰品上花费能量只有在收益（更多后代）超过成本时才值得，激烈的竞争让利润变得微乎其微。如果气候变化的压力打破这个平衡，曾经积极的特征就会摇身一变成为阻碍——影响生存、减少繁殖，或至少成为一种无谓的投资。有一种叫“三刺鱼”的鱼就是这样，雄性有亮红色的肚子、蓝色的眼睛，按之字形路线迅速游动，以此吸引雌性的注意。然而，在变暖的海洋里，很多海岸线附近的交配地藻类丰富、水质浑浊，鱼类的视线受阻，* 这种展示也就越来越无关紧要了。根据预测，颜色和之字形游泳路线很快就会消失——毕竟，如果人家看不见你，盛装起舞岂不是白费劲？

要说明性选择出现了确定性变化，需要大量数据（比如40年的姬鹟观察记录），结果又常常与自然选择的竞争效应纠缠在一起，尤其是当配偶继续青睐一种在其他方面已经变得有害的性

---

* 就像很多其他气候变化难题一样，人类引发的另一些问题加剧了交配的三刺鱼面临的挑战。除了水体变暖，来自农业、污水和其他陆地活动的营养丰富的流入物质也加速了藻类的生长。

图 9.3　前额白片大的雄性白领姬鹟曾经能获得更多的交配机会，但时代变了，现在白片的尺寸在缩小［照片来源：安东·莫斯托文科（Anton Mostovenko）］

状时。但还有一种可能更难测量的进化动力：随机因素。纯粹的偶然情况也会影响进化，特别是在小的种群里。要说明这项原则，可能最好（也是最美味）的方法是用一碗 M&M 巧克力豆，或者任何其他五颜六色的糖果。从碗里捧起一大把巧克力豆，你就有可能每种颜色都得到一些。一个大的繁殖种群将基因多样性传给下一代的方式，和你捧起巧克力豆、随机混合颜色差不多。但如果你只拿一小把糖果，这一小把糖果就更有可能与碗里的较多的糖果看起来不同。某些颜色可能会很少或不存在，某些颜色则占据主导地位——不是靠适应能力或健康程度，只是单纯凭运气。生物学家把这种随机性称为遗传漂变，一种在任何种群中或多或少都会存在的“遗传彩票”。但是，当种群收缩并变得孤立时，漂变的影响力就会大得多。* 这恰恰就是那些栖息地正在缩小，或是以小群体的方式去开拓新地区的物种所面对的场景。活下来的种群将长期携带着遗传多样性减少的苦难标记。（继续拿糖果类比的话就是：小把糖果的后代不太可能迅速重现失去的颜色。）

科学家们知道，气候驱动的遗传漂变正在发生——在数学上这是不可避免的。但是还没有任何一种遗传漂变的效应能与其他所有影响、分裂和减少动植物种群的因素分离开。这需要时间。同时，另一种进化正在兴起，它能产生立竿见影的效果。一个最著名的案例研究表明，结果是有可能被掌握的。但前提是你得知道在哪里垂钓、用什么诱饵。

* * *

船桨吱吱嘎嘎地响着，我们悄悄划向湖的一角，那里有个鳟鱼湾。在森林覆盖的海岸线上，这里不过是一个小小的缺口，但

---

* 遗传漂变对小种群的影响一般被视为是负面的，因为随机性压倒了选择的力量，可能会让有害的突变积累起来。换言之，那些一般不会被选择、本会从基因池中移除的性状更有可能留下来。然而在自然界，很多物种坚持以小种群形式无限期地存活了下来。一个新理论解释了这种不一致。参见 LaBar and Adami 2017 对他们所称的“漂变稳健型”（drift robustness）的有趣讨论，他们谈到了正负突变率如何偶尔达到持久的数学平衡。

人们用浮华钓组后面拖地的亮片和旋转亮片鱼饵钓鱼，却总是能有所斩获。历史记录提到当地有鲑鱼大小的切喉鳟，出海一次可以捕获一百多条。我们那天上午没遇到那种情形。我们的运气倒是更符合一个更古老的故事，有个美洲土著故事讲雷文（Raven）向水精灵发泄怒火，把霹雳投入湖中，杀死了湖里好几代的鱼。我听到的版本并没有提到究竟是什么让雷文这么生气，但我怀疑他是不是也是钓鱼的运气不太好。

就在那时，诺亚的钓竿尖出现了被拖拽的迹象，我们立刻把沮丧之情抛诸脑后。不过，在他收线时，那个轻微的拉动没有变得更有力，当鱼出现在水面时我们知道了原因。那是一条小鲈鱼，个头比鱼饵大不了多少。我们笑了起来，放了这条小小的鱼，看着它冲向水底不见了。这并不是我们期待的物种，后来我们也没在期待的地方钓到鱼。

人生有时可以工作和兴趣兼顾，犹如上天眷顾。例如，我在写关于羽毛的书时，研究工作包括大量愉快的观鸟活动；同样，我那本关于种子的书让我享受了研究种子的乐趣，比如研究我最喜欢的咖啡和巧克力的由来。所以，当我发现世界上最好的气候驱动进化例子之一发生在最好的鳟鱼溪时，好运似乎再次降临。我和诺亚都爱钓鱼，所以我立刻安排了去蒙大拿州弗拉特黑德河谷的工作假期，不料这个计划因为另一种生物学状况而落空了。2020 年春，新型冠状病毒肺炎疫情在北美暴发，这意味着任何类型的钓鱼旅程都必须离家近一点。尽管我们在当地抓到的鱼中不会有相关的特殊鳟鱼，但这并不妨碍我至少跟我想拜访的蒙大拿州科学家聊上一聊。他的研究位于那里正在展开的进化拼图的中心，他的健谈也弥合了我们之间的距离。

我们刚开始通话，瑞恩·科瓦奇（Ryan Kovach）就说："基本上我从小就特别痴迷钓鱼。"他还讲了渔竿和渔线的诱惑如何影响了他人生中的许多重大选择。离开家上大学？"基本上我选的就是蒙大拿州，因为我知道在这里钓鱼很爽。"他的第一个主要研究项目？黄石国家公园鳟鱼遗传学——在那里钓鱼更爽。研究生时呢？阿拉斯加粉鲑。最后，他回到了蒙大拿州，现在他在蒙大拿州鱼类、野生动物和公园部担任州遗传学家——他的在线简历打趣道："他可能会消除很多积极的自然保护影响，因为他总是在不知疲倦地努力抓各种鱼……又停不下来。"*

科瓦奇并不是蒙大拿州唯一的重度钓鱼迷，这种氛围也有助于为他的开创性气候变化研究创造条件。他告诉我："他们在弗拉特黑德河里贮藏了数量惊人的虹鳟。"他指的是将圈养虹鳟投放到公共水路的习惯做法。渔业与野外垂钓部门在美国西部各地通过这个办法，努力提高人们在一个有限范围内钓到鱼的机会。（贮藏的虹鳟就是我和诺亚在我们家附近的岛湖里想要钓的鱼。）不幸的是，每年一次大量投放的孵化场养大的鱼取代了很多江河湖泊里的原生种群，有时是通过直接的竞争，有时是通过经常被忽略的进化过程实现的，这就是科瓦奇的专业方向：杂交。

当两种密切相关的物种进行杂交繁殖时，大量的遗传物质可

* 蒙大拿州保护遗传学实验室网站：www.cfc.umt.edu/research/whiteley/mcgl/default.php。

以立刻转移。这在植物中经常会产生新奇的进化谱系，杂交植物被认为是新物种的主要来源。* 另一方面，杂交动物通常是不育的。例如，马和驴杂交产生骡子，但故事也就到此为止了，因为骡子本身是不能繁殖的。但是，当虹鳟遇到弗拉特黑德河和其他西部溪流的当地西坡切喉鳟时，情况却不是这样。不仅它们的后代可以互相繁殖，它们还能反过来和亲本物种繁殖，这就为基因的相互稳步渗透创造了一条通路。专家把这个过程叫作“基因渗入”，其结果可能非常显著、持久。基因渗入解释了为什么尼安德特人的 DNA 仍然会出现在从皮肤色素沉着到头发生长的各种现代人类基因中，尽管我们在 4.5 万年前就已经停止与他们杂交了。对蒙大拿州的切喉鳟来说，这个例子还包含着一个不太吉利的教训：尽管某些尼安德特人基因仍然存在于现代人类中，但尼安德特人本身早已消亡了。

科瓦奇说：“这就像传送带。”他描述了虹鳟以及它们的基因如何席卷蒙大拿州的本土切喉鳟。当气候变化导致气温升高，变暖水域的虹鳟就不断向上游移动到山脉支流切喉鳟的主要栖息地。“它们正在侵入最后的最佳栖息地。”他解释道，无论在哪

---

* 植物杂交种往往比动物杂交种的耐受力更好，其中有很多原因，最重要的一个原因跟染色体数有关。当亲本种拥有不同的染色体数时，它们的杂交种常常会遗传导致自身不育的奇数染色体。比如，马有 64 个染色体，驴有 62 个染色体，所以可怜的骡子最后是 63 个染色体。这会让它的卵子和精子无法正常发育，因为 63 不能在减数分裂时均分，而减数分裂是有性生殖必要的细胞分裂形式。植物的情况也是一样，但有一个变化。很多植物可以进行营养繁殖，可以让不育的杂交种持续存在，它们的基因往往也会自发加倍，使奇数染色体的杂交种突然又能繁殖了。关于这个话题的有趣评论，可参见 Hegarty and Hiscock 2005。

图 9.4　蒙大拿州弗拉特黑德河的西坡切喉鳟（*Oncorhynchus clarkii lewisi*）体内的虹鳟 DNA 越来越多。随着水域变暖，虹鳟的生存区不断扩大，物种之间气候驱动的杂交让切喉鳟的表亲——数量更庞大的虹鳟的基因席卷了切喉鳟种群［照片来源：乔纳森·阿姆斯特朗（Jonathan Armstrong）］

里，只要两个物种混杂，它们就会杂交繁殖。结果“切虹”（切喉鳟＋虹鳟）杂交鱼就会将虹鳟的 DNA 携带到更远的低水温庇护所，在那里它们又与少数仅存的纯种切喉鳟杂交繁殖。“基因渗入超越了耐热极限。”他解释说，这是指虹鳟的基因可能通过杂交征服切喉鳟，甚至是在纯种虹鳟从未到达的地方。

当我问科瓦奇为什么是虹鳟的基因征服切喉鳟，而不是反过来时，他告诉我，这是一个“数量越多，胜率越大”的游戏。他说，虹鳟被贮藏在河流中最丰饶的部分，仅弗拉特黑德河就多达 2 000 万条。另外，它们成年后流浪的倾向也更强烈，导致不断有育龄的闯入者把自己的基因强加给它们数量较少、宅在家里的表亲。科瓦奇说：“讽刺的是，如果不是因为虹鳟，切喉鳟实际上也许还能从气候变化中受益。”他引用了他的一个研究生尚未发表的数据，表明切喉鳟的生产率在温度较高的山涧里反而会提高。因此，科瓦奇怀疑弗拉特黑德河或其他西部河流是否还会有任何纯种切喉鳟种群，也许只有“残存的一点”切喉鳟 DNA 隐藏在样子和行为像虹鳟的鱼里了。

瑞恩·科瓦奇的研究结果一定令他觉得苦乐参半——从生物学角度，这是一个引人入胜的故事，但同时也知道了一个物种最终会消失，而且还是他十分喜欢捕捉和研究的物种。不过，科瓦奇随即指出，杂交并不总是进化的负面力量。杂交植物往往比亲本物种更具适应性，* 至少最初是这样，即便在鱼类中，也有一些例子表明近亲繁殖种群受益于涌入的新基因。对于正在衰退的物

* 一种叫作“杂交优势”的现象常常使第一代杂交种特别有活力。目前人们尚不能完全理解其中的原因，但一般认为这是因为杂合性提高了——杂合性是完全不同的亲本为任何特定性状贡献更广泛基因变异的方式。不过，这种效应很快会在后代中消失，因为原杂交种的后代相互繁殖，它们的基因变得更加均质化了。园丁和农夫非常熟悉这个概念，他们每年都会买杂交种子品种，最初这些品种会长出又大又多的植物，但不一定会把这些性状传给它们的后代（从种子生产者的营销角度看，这样就很好地确保了对新鲜杂交种子的稳定需求）。

种，杂交有时能将独特的遗传物质保留下来，否则这些遗传物质会因物种灭绝而彻底消失（就像智人中留下的那些尼安德特人性状）。具体影响要看具体情况，但随着气候变化导致这么多物种转变生存区、以新的方式相互巧遇，有一点是十分清楚的：杂交动植物的个案总数在增加。

在放弃我们的钓鱼探险，吃个冰激凌抚慰一下自己之前，我和诺亚把船划出了海岸线，向湖底放下渔线。如果咬线的不是鳟鱼，通常会是红大麻哈鱼，一种只能在湖水最深最冷的地方发现的内陆鲑鱼。随着夏季气温升高，这种栖息地似乎注定会缩小，但如果我们的钓鱼孔够深，能保持凉爽，里面的红大麻哈鱼可能还挺令其他鱼羡慕的。凭借景观（或水景）的各种怪现象，有些物种继续过正常的生活也能应对气候变化。但这种策略要奏效，它们必须依赖一条房地产业的至理名言：地段，地段，还是地段。

第十章

寻找庇护所

改变和变得更好是两码事。

——德国谚语

对于新英格兰地区的研究生来说，如果没有苹果汁甜甜圈，就无法正确开启秋日林中的一天。当地的做法要在面团里加入大量新鲜苹果汁，再在成品上撒上许多肉桂和糖霜。配上浓咖啡，这些应季美味可以唤醒因长时间熬夜做作业和研究而迟钝的脑波。我和同事们在布里斯托（位于我们在佛蒙特大学的基地以南 40 千米）就享受到了这种待遇，当我们驶进附近的群山时，面包车内的谈话也活跃了起来。那是一个周五，当时我们那一小群在“野外博物学家项目”中攻读硕士学位的人暂时放下其他任务，出去增长点实践经验。我们游览了沼泽和湿地，查看了采石场和露出地面的岩层，徒步从湖边走到山顶，全程有不同的专家陪同。这些旅程强调自然界中隐藏的联系：从基岩和土壤，到天气模式和当地历史，各种事物影响着在特定地点发现的动植物。我们每周都学到一些新东西，但这些课程在改变我对景观和气候的看法上的作用，都比不上我们在布里斯托悬崖基地遇到的一件奇事。

我们那天的向导是艾丽西亚·丹尼尔（Alicia Daniel），她也是从这个项目毕业的，即将获得令人羡慕的伯灵顿市官方博物学家的职位，伯灵顿是佛蒙特州最大的市。她对当地的地形和生态已经十分熟悉，面包车咣当咣当地钻进一条偏僻狭窄的乡间小道，她却故意对我们的目的地避而不谈。我们靠边停车，停在了靠近山顶处悬崖峭壁下方的陡坡上。丹尼尔领着大家穿过一片相当典型的阔叶林上山，这里的主要树木是糖枫——佛蒙特州的州树。但是，很快地面就变得明显凸凹不平起来，我们真正的目标在稀疏的植被中显露出来，那是悬崖脚下一大堆光秃秃的石块和巨石，当地人将此处称为“地狱半亩地”。实际上这个倒石坡覆盖面积将近 40 英亩 *，是上方绝壁滑落、掉落的岩石不断堆积形成的。石块体积从让人站不稳的鹅卵石到比房子还大的厚石块都有，我当时记的笔记写着它们是由柴郡石英岩组成的。但我们去布里斯托悬崖主要不是冲着地质学去的，至少这不是我们的直接目的。真正的谜题在于这种易碎的石头通过随意侵蚀的结构达到了什么效果。

---

* 1 英亩 ≈0.4 公顷。——编者注

当时是10月里比较暖和的一天，我们爬山爬得又有点冒汗，所以我到了倒石堆底部的第一印象是凉爽、阴凉。接着，我注意到了树。这里不是阔叶林，我们突然置身于针叶林中——红云杉、黑云杉，还有胶冷杉。我向下看，发现地被植物也变了，突然多了很多耐寒灌木，比如格陵兰喇叭茶和地桂。这里甚至还有石蕊和一小片泥炭藓。几步之遥，我们就好像向北走了几百英里到了加拿大北方针叶林，或者向上走了600米，到了附近青山山脉结霜的海拔高度。只要离开倒石堆往回走几米，就会产生相反的效果，立刻回到阔叶林。丹尼尔给每个人一点时间去探查这种奇怪的变化，然后把我们聚集在针叶林里讨论我们见到的现象。

我们有的坐在地上，有的坐在长满苔藓的岩石上，在反常的冷空气里很快冷了起来，大家开始穿上夹克，在背包里翻找毛衣和帽子。温度是这一天的核心主题，后来我听说丹尼尔来布里斯托悬崖时总是让学生坐在同样的地方，让这个地方的物理现实以微妙的方式强化这堂课的内容。正是这种对细节的关注让她成了一位好老师，但我们仍然需要更多的线索来弄清楚发生了什么。显然，针叶林长在一个寒冷的口袋地形里，奇怪的是这里如此靠近明显很温暖的倒石堆区域。倒石堆就像一个烈日炙烤的停车场，年深日久辐射着热能，我们能看见鹰和红头美洲鹫在上升的热气流中盘旋。整个倒石坡朝西，捕捉着峰值强度的太阳光，让这里的条件（要说真有什么的话）比佛蒙特州通常的环境更暖。橡树、山核桃木和其他南方森林的常见物种在枫树中茁壮成长。但有一些东西让倒石坡底的一小片针叶林看起来、感觉起来就像遥远北方的栖息地。最后，丹尼尔让我们注意的不是倒石堆的石头，而是它们之间的空隙——大大小小的石块如何互相抵住，形成一个巨大的孔洞和裂隙网络。离近一点，我们能感到一股冷风从这些黑暗的缝隙中吹出来，有人把手伸进了一处特别深的凹洞，发现了一大块冰。

最近，丹尼尔告诉我："那基本上是冷却后的空气。"我往她在佛蒙特州的家里打电话（这距离我们第一次碰面已经过去了 20 年），听她再解释一遍密度大的冷空气如何顺着倒石坡沉降，在底部流出，创造了自己的小气候。虽然石头的表面在阳光灿烂的白天可能会升温，这种能量却无法穿透到下面阴暗的深处，夜晚随着石头和周围环境凉下来，总是会带来寒意。在布里斯托悬崖，冬天的冰会填满最深的裂缝，在一年中的大部分时间都保持冻结，从而增强了这种效果，还有倒石堆下面的基石架，能让向下的气流流向适合乔木和灌木的地点，更加强了这种效果。结果就形成了一个微型栖息地，丹尼尔估计"大约有一个游泳池那么大"的一小片寒地。超出这个区域，寒冷就消散了，在这个区域内生长的植物群明显格格不入，不合时宜。

把时钟拨回到足够久远的过去，在佛蒙特或新英格兰地区的任何地方，你不需要倒石坡就能发现冷却的空气。1.8 万年前，整个地区都覆盖在从北极南部延伸到现代纽约市附近的大陆冰

图 10.1　新英格兰的倒石坡把冷空气困在石头中间，为针叶树和其他北方森林物种在阔叶树主导的环境里坚持生存下来创造了条件［插图来源：利比·戴维森（Libby Davidson）］

川之下。* 冰川消退后，苔原植物率先定居，之后，这里的景观被北方针叶林覆盖了 2 500 多年。然而，随着气候持续变暖，这些针叶林逐渐向北转移，覆盖此地的成了阔叶林。更确切地说，是大部分转移了。任何地方只要保持足够寒冷，无论是山坡还是一小片奇特的倒石堆，针叶林就不会转移。它们躲起来避难。布里斯托悬崖底部的几种云杉、冷杉和其他北方物种完全有可能，甚至很可能在那里坚持了几千年，一代又一代，在周围的森林变暖、改变的时候充分利用了缓缓流动的冷空气。另一种解释则需要一系列不合情理的远距离传播事件才能成立，树林中每一种北方物种的种子或孢子都得旅行几千千米，还要凑巧落到一小块适合的地面上。这两种解释都讲了同一种因果关系：动植物会根据它们所处环境的条件做出反应，无论条件多么反常或怪异。在需要针对气候变化进行调整的情况下，布里斯托悬崖这样的地方给少数幸运居民提供了有吸引力的选择，让它们可以一切如常。

当我们谈到倒石坡在冰期以后的历史时，丹尼尔沉吟道："那里无论长什么都是反常的。"苔原物种可能在针叶林移动到附近后还坚持待在布里斯托悬崖，就像针叶林现在嵌入阔叶林一样。并不是这个地方不受变暖的影响，而是冷空气起到了缓冲的

---

* 导致冷空气下沉穿过倒石堆的原理同样也在沿着劳伦泰德冰盖（Laurentide Ice Sheet）边缘的更大范围内发挥了作用。空气在足有一英里厚的冰川表面被冷却，变得厚重，不断溢出冰川的边缘向下流动，形成了气象学家所说的"冰川风"，在冬季常以超过每小时 88 千米的速度，横扫周围的陆地。冰期天气的多种模式之一，参见 Bromwich et al. 2004。

作用，减缓了生物学家所说的气候变化的速度。布里斯托倒石堆是一个极端的案例，但类似的原则适用于环境保持着反常凉爽的任何地方——比如深邃阴暗的山谷，或很少受到阳光直射的北向山坡（在赤道以南地区则是南向山坡）。在淡水系统中，冷泉水和雪融水能起到相同效果，与大洋中的寒流或深水上升流的作用一样。当这样的反常现象持续时，就能让其中的物种作为小型的孤立种群在本来不适于居住的环境中坚持下来。虽然未来这样的地方可能还是会变暖，但历史表明，如果时间间隔足够长且气候趋势稳定或逆转，那么这些地方就不仅能减缓气候变化的影响，还能帮助动植物生存下来。

在科学界，要表现对一个观念的热情，莫过于发明个新词来描述它。因此，“生物庇护所”（refugium）这个词就被造出来特指布里斯托悬崖倒石堆这样的地方，物种能在其他地方的条件变得不适宜时在这类地方找到庇护。这个词最早出现于 1902 年，用来指瑞士几个很深的高山湖泊，那里的冷水让各种北方鱼类和甲壳类动物自上次冰期以来一直生活在那里。从一开始，生物学家就将这个概念与在气候趋势下存活联系了起来——不只是变暖，也包括变冷、变干或任何其他重大变化。在布里斯托悬崖之行后不久，我和佛蒙特的同事们就在更北边的魁北克看到了相反的模式：一小片枫树和橡树林被北方针叶林围绕。在它们生长的地方，有个南向悬崖收集热能并反射给周围的树木，这些树被认为是几千年前温暖时期的残遗，当时阔叶林的位置比它们现在的生存区略微向北移动了一点。欧洲和北美各地都有各种研究得很充分的冰期后的案例，人们还为庇护所在热带地区的重要性而争论。[*]例如，在整个更新世时期（260 万至 1 万年前），非洲的刚果盆地断断续续出现干旱期，导致这一地区的大雨林不断缩小，变成被热带稀树草原隔开的零散残片——生物庇护所。集中在这些残留地点的森林物种之后会在条件改善时再次分散开，但速度常常不同，有时也因为孤立而在形式上发生些许改变，从蜗牛到灵长类动物，由此形成的模式在现代分布中仍然可以看到。[†]一个著名的例子就是，大猩猩没能在重新造林后再次完全重新移居到盆地的中间部分，而是像两组完全不同的物种一样，一组在东边，另一组在西边 1 000 千米以外。

20 世纪的大部分时间，对庇护所感兴趣的研究者都在回顾，研究物种如何从冰期和其他环境剧变中生存下来。但近年来气候变化的速度突然为庇护所这个概念赋予了紧迫性，将关注点转向了未来。哪里的奇怪景观、水温或天气会减缓现代气候变化的速

---

* 关于热带庇护所的争议主要围绕着它们在产生新物种方面可能充当的角色这个问题。1969 年，德国鸟类学家于尔根·哈佛（Jürgen Haffer）提出了一个著名的观点，认为亚马孙雨林在更新世（或更早时期）的扩张和收缩促成了这个地区独特的生物多样性。他提出，生境多次收缩为庇护所导致了高度的生殖隔离，使种群以不同寻常的速度彼此区分开来。这个范式持续了几十年，直到花粉记录质疑了雨林收缩的频率和范围，基因研究未能支持大部分种群在更新世快速形成物种的说法，这种观点才开始瓦解。目前，对于亚马孙多样性的原因并无共识，能达成共识的只有一点：原因很复杂。关于这个题目的近期评论可参见 Rocha and Kaefer 2019。

† 刚果盆地的庇护所证据比亚马孙的要一致得多，对基因多样性和物种形成的影响就算称不上极端，也可以说很明显。各种例子可参见 Wronski and Hausdorf 2008 对蜗牛的研究、Ntie et al. 2017 对森林羚羊的研究，以及 Anthony et al. 2007 对大猩猩的研究。

度？哪些物种会准备寻找庇护所？当我问艾丽西亚·丹尼尔 100 年后生长在布里斯托悬崖下的可能会是哪些植物，她并没有现成的答案。她停下来想了想，我猜她在脑子里过了一遍当地树种的名片，这些卡片用了几十年，都被翻旧了。

最后，她说："这一带人们最关心的树是糖枫。"她注意到春季的树干液流已经因天气越来越混乱而受到干扰。这不仅影响到树木的健康，也威胁到一种应季甜品的产量，对新英格兰地区的人来说，这种甜品比苹果汁甜甜圈还要重要，那就是枫糖浆。行业研究者预测"最大的树干液流地区"* 已经随着气候变暖向北移动了几百英里，精明的佛蒙特生产商已经通过用当地森林最冷处的树木采集糖浆来对冲风险。2017 年"佛蒙特枫树大会"提出的《管理指引》提到这些地方时用了一个熟悉的词："庇护所"。所以，如果我们想象有一天，当整个地区的环境变得更温暖，一些糖枫会在布里斯托悬崖倒石堆寻找庇护所，取代针叶林，在橡树森林里求生存，这也不算太牵强。也许它们的树干上还会挂着桶，被某些怀念当地枫糖浆的味道，又具有企业家精神的邻居采糖浆呢。

正如对枫树在布里斯托悬崖的遐思一样，大部分对现代气候变化庇护所的研究都涉及一定程度的有根据的猜测。这些猜测是根据预期，而不是根据结果做出的，因此包含着大量"评估""未来脆弱性""概念框架"之类的术语。生物学家的想法是要明确指出能够为生物多样性提供避风港的地方，并最终保护

---

* Rapp et al. 2019, p. 187.

这些地方，各种预测模型已经认定了分布范围很广的有希望地点。例如，美国西部寒冷的山涧预计变暖的速度很慢，还能让当地的鳟鱼和青蛙再居住几十年，而在澳大利亚东部高地，有浅层地下水的阴凉地带有可能在干旱和火灾风险日益增加的情况下，为一系列动植物提供庇护。瑞典有一个雄心勃勃的项目认定了 99 个确切的地点，这些地点的北方针叶林物种在其核心生存区以南存活，然后他们在一整年里，每天测量 8 次这些地点的气候变量。他们发现，即使是最微小的温度和光照差异也能提供对气候变化的缓冲，无论区域有多小［由此出现了一个新词：微庇护所（microrefugia）］。巨大的不确定性仍然存在，大多数研究最后提出的问题和答案一样多。一个庇护所需要有多大？孤立的种群能生存多久？保持平均温度和减少极端温度哪个更重要？湿度有多重要？传粉或捕猎这样的重要互动呢？一些专家怀疑，庇护所能否在足够长的时间内庇护足够多的物种，从而起到任何作用。（海洋生物学家格瑞塔·佩茨尔就不屑一顾地对我说："它们根本办不到。"）不过，随着条件迅速改变，现在已经有可能做比预测更多的工作。至少对美国西部山脉里的一个物种来说，事实证明，寻找庇护所是一种有效且能救命的应对方式。

* * *

如果你能想象出一种灰棕色、长得像兔子、个头有西柚那么大、几乎是圆形的生物，那就是北美鼠兔。它们居住在从落基山脉西部高地到太平洋的山坡上，经常在林木线之上。北美鼠兔繁殖很慢，又不愿意分散，所以很长时间以来大家一直认为它们因气温升高而面临很大的风险——就像其他高山居民一样，当栖息地开始向山上转移，它们会无路可退。但是新的研究*打开了一扇希望之窗，因为在布里斯托悬崖那样的地方发挥作用的原理也令鼠兔受益了。它们几乎只生活在倒石坡或附近，在石块之间的裂缝筑巢，只冒险出门到附近几英尺远的草地上采集草和野花。（它们把咬断的植物拖回家以备日后食用，码成整齐的小堆储存——即便是在学术论文里，对这种小堆也有个迷人的称呼叫“干草垛”。）由于冷空气在倒石堆的聚集方式，在鼠兔生活的加州内华达山脉那样的地方，夏季平均气温比周围环境低 3.8 摄氏度。† 就像在布里斯托悬崖一样，冷空气渗出，流向附近坡底的植被，常常有助于维持一小片鼠兔喜欢的高山草地植物。由于知道这些影响，美国林务局生态学家康斯坦斯·米勒（Constance

---

* 康斯坦斯·米勒用三个词总结了最初科学界对她和同事们的鼠兔研究结果的反应：“排斥、审查、忽视。”尽管这些研究结果是好消息，但庇护所的结论却与一个由来已久的说法背道而驰，这种说法认为，鼠兔是“温和的北极熊”（米勒原话）——受气候驱动濒临灭绝的标志性物种。长期来看，这种说法可能还是对的；没人知道在倒石堆庇护所生活能为它们争取多少时间。但是米勒希望她的工作能够将一些注意力和研究努力分散给其他濒危物种——比如高山花栗鼠这样的物种，它们没有庇护所可去。

† 对鼠兔来说，倒石坡的好处不只是夏季更凉爽。深处的冰融化，冰水缓缓流下山坡，浇灌了鼠兔赖以生存的湿草甸植被。在冬天还有一个好处，积雪堆积在岩石的表面，内部却有空气流通，隔绝了极寒。这一点非常重要，因为鼠兔不冬眠；它们在淡季也会醒着，在黑暗中蹲守，一点一点啃食它们堆积的干草堆。参见 Millar and Westfall 2010 的研究和相关参考资料。

图 10.2　居住在山上的北美鼠兔（*Ochotona princeps*）因为习惯于住在倒石坡附近，而（至少暂时）避开了气候变暖的影响，冷空气聚集在倒石坡，减缓了它们的栖息地变化的速度［照片来源：布莱恩特·奥尔森（Bryant Olsen）］

Millar）带领的一个团队开始重新调查大片的潜在栖息地——不只是在高山地区，还包括那些温度较高，但是有倒石堆的地方，人们通常想不到那些地方会是栖息地。

“我意识到的第一件事是我需要隐形眼镜，”米勒笑着告诉我，“我看不见小球！”因为鼠兔大部分时间都藏在石头间，定位它们的最好办法是找它们那些又小又圆的粪便。一旦她有了合适的眼镜，这项任务就变得易如反掌了。她说：“我们开始发现很多种群。”她还解释道，很多鼠兔出现在较低海拔处的倒石堆，周围是松林甚至灌木蒿这样的栖息地。对鼠兔来讲，最重要的似乎就是有一大堆凉快的石头，石堆底部再来一点草地。对于米勒和她的团队而言，最重要的是气候变化庇护所突然从理论变成了现实。鼠兔已经在利用它们，而且种种迹象表明，它们这样做已经很久了。

“它们是适冷的。历史上，鼠兔最繁盛的时候是在冰期，而不是在现在这种比较温暖的时代。它们甚至曾经住在低地！”米勒一下说出了一堆想法，为了努力跟上她的速度，我记笔记的手都要抽筋了。她似乎很想在时间允许的情况下尽可能在我们的电话谈话中加入最多信息，这种习惯可能也有助于解释她成果丰硕的职业生涯。在40多年的时间里，米勒研究了从鼠兔到狐尾松的各种生物，《纽约客》杂志介绍她时称她在山地生物学家中享有尊崇的地位。她讲话很快，但也是一个很好的倾听者，当我告诉她很久之前我的布里斯托悬崖之行时，她很想知道确切的地址，这样她就能“把它列入她想去的地方清单”。那里勉强度日的云杉和冷杉引起了她的共鸣，因为鼠兔也在做同样的事——在自上个冰期以来的长期持续变暖环境中，将倒石坡作为庇护所，它们在更新世颠三倒四的冰川历史期间一定也多次这么做过。现代气候变化可能已经将这个过程变得更加紧张激烈了，但模式还是古代的那个。

鼠兔住在庇护所里是很幸运，但也并不是高枕无忧。它们始终对热应激、缺少积雪和其他气候相关变化高度敏感，近几十年里，很多种群实际上已经消失了。米勒赞同地说：“它们的生存区在缩小。这一点是毫无疑问的。”如果温度持续上升，即便是最好的倒石坡场地最后也可能变热。她停了一下，然后补充了一句，一语道出了庇护所的局限性和潜力：“它们只是在拖延时间，但也许可以拖很久。”

在小范围内，地形和气候之间的关系随处都可以体验到。例如我们家的花园，白天接收了大量的阳光，但由于位置是在一个浅凹处，天黑后会有冷空气停留，所以我们永远也无法保证在温室外种的西红柿能成熟。但沿着这条路，有座小山为我们的邻居提供了一个朝南的山坡，温度就足以让西红柿和其他喜热作物茁壮成长。同样的原理也适用于几英里以外的城里，在最近一个阳光明媚的周五下午，我在那里收集了一些数据。主干道是东西向的，由于冬季阳光的照射角度较低，大概从 12 月中旬到 3 月，人行道的南面都处在建筑物的阴影中。不出所料，我发现那里的温度比路北的温度低 3 摄氏度，路北阳光照耀，还有从墙和窗子反射的光。景观植物做出了相应的反应。在阳光灿烂的北边，总苞忍冬已经冒芽长叶，俄勒冈葡萄正在开花，番红花和鸢尾这样的早春野花已经处于全盛时期。人行道的另一边，植物却还处于休眠状态，还是冬天光秃秃的景象。（还有一点值得注意的是，我遇到的 65% 的行人都选择走在有阳光的一边。植物并不是唯一喜欢温暖的冬季微气候的生物。）这种对比每天都在提醒着我们，除了最同质化的环境以外，气候在绝大部分环境中的发展都是不均衡的。这样的不一致在我们周围俯拾皆是，但只有在区别大得足以产生一个独特的环境，并且足够持久地将这个环境推向不同的气候变化轨迹的情况下，这样的地方才能成为庇护所。倒石坡和其他奇异地形就有可能这样，但也许更直接的方式发生在海洋里，在那里，一组环境条件真的可以被输送并完全融入另一组环境条件中。某些沿海地带就有这样的情况，密度大的冷水从深处一缕缕涌向水面，就是所谓的上升流。就像倒石坡一样，那里是另一个已经至少被有些物种当作庇护所的地方。

葡萄牙海洋生物学家卡拉·洛伦索（Carla Laurenço）是在博士研究期间偶然了解到上升流的，在调查西撒哈拉北部经直布罗陀海峡到伊比利亚半岛的潮汐池和岩石海岸线时，她注意到一个有趣的模式。她向我描述上升流过程时，说这是风的模式与海岸地形之间的一种交互作用。当强劲、稳定的风持续将表面的水推离一个地点时，深水就会上涌填充空处。当地的渔民对这样的地方了如指掌，因为这样的地方特别多产，这里的食物链因深处带上来的营养物而格外兴旺。对洛伦索而言，这些凉爽、富饶的水域将她的注意力引向了她原本压根儿没打算研究的一个物种。

她在邮件里写道："结果非常出人意料。"她解释道，她的很多工作集中在海蚌这种无脊椎动物的遗传学和分布上，但很快就明显看出，同样在潮间带岩石上的一种褐藻发生了变化。这种褐藻名为墨角藻或岩藻，属于墨角藻属，是北纬各地岩石海岸线的优势类群。所有的墨角藻物种都有枝状、扁平的叶片，在低潮期软软地趴在岩石上，在高潮期优雅地摇摆，靠内置的小气囊立起几厘米。（捏这些小气囊会发出令人满足的噼啪声——小时候我们管当地的品种叫"爆炸草"。）洛伦索研究的墨角藻更喜欢凉爽的水域，非洲西北部沿海（海洋热点地区）因气候导致的变暖正在不断把这个物种向北推。但是，在5个明显的上升流区域，

图 10.3　这种墨角藻（*Fucus guiryi*）在非洲西北海岸沿线的冷水庇护所里仍然很茁壮，为多样化的潮间带群落增添了结构、遮蔽和养料（照片来源：卡拉·洛伦索）

最高水温始终比周围低 5 摄氏度，洛伦索发现墨角藻种群不只是活了下来，还很兴旺。就连它们的遗传多样性也很高，而且表现出曾经孤立的模式，就好像墨角藻很久以前就开始将这样的地点作为庇护所了。

我们互通邮件之后，我拿了一份洛伦索的论文，在我住的小岛东南端又读了一遍，那里的墨角藻像棕色毯子一样覆盖着岩石角，并没有表现出因为气候变化而撤退的迹象，所以把它与洛伦索经验的比照是不完美的。但是我很想体会一下她在非洲海岸无意中发现上升流庇护所时的感受，突然，我就遇到了一片片平静生长的茂盛墨角藻。

当时正在退潮，可以看到水流旋转着通过岩石角另一边的深水航道，激起波浪，给海水投下一道道阴影。我费力爬过滑溜溜的岩石，到了最近的一片墨角藻那里，忍不住伸手去捏其中一个淡棕色的气囊。它爆开了，响了一声，就像以前一样。洛伦索将墨角藻描述为一个基本物种，在它乱成一团的冠盖里，可以容留各种各样其他的生命形式。果然，当我拨开棕色的叶子，我发现下面的岩石上张灯结彩似的挂满了帽贝、滨螺、蓝贻贝，还有一层鲜艳的淡紫色珊瑚藻。不远处，一群黑翻石鹬在觅食，踩在一团没过脚踝的棕色藻体里搜寻甲壳动物。两只歌带鹀很快也加入了，它们从森林里被潮间带大餐吸引而来。一切看起来都十分正常，岩石海岸线的景象与我童年时的记忆如出一辙。这就是庇护所的吸引力——面对迅速的变化，某些地方始终未变。但是在这里，洛伦索的研究格外发人深省，因为尽管她除了墨角藻以外还遇到了几个其他冷水物种，但还是少了很多东西。上升流似乎并没有保留完整的潮间带群落，而是只包含少数几个原住民。适合墨角藻的环境并没有满足它所有邻居的需求，这提醒我们，庇护所碰巧保留哪些物种都是不确定的事。在应对气候变化时，寻求庇护这种解决办法，可能还不如机遇有用。

当然，在任何气候变化的结果中，机遇都发挥着作用，这正是我们接下来要讲到的。生物学家可以研究此时此地动植物如何应对迅速变化，但他们的工作永远要归结到关于未来的问题上：我们如何从现在（和过去）发现接下来自然界会发生什么？

结果

跌倒七次，爬起来八次。

——日本谚语

作为一名作者，我知道在一个长期项目中，总会出现某类问题。比如，当我写专门研究羽毛的那本书时，人们会问我：“那怎么可能呢？”当我转而研究蜜蜂时，每个人都想知道我被蛰了多少次。现在，我研究气候变化，就会有人让我预测未来——“以后会发生什么？”，当然，没人知道确切的答案，不过，线索就藏在我们已经发现的很多生物学挑战与应对中。然而，对于一些科学家来说，测量这些可观察到的变化只是一个开始。在这一部分里，我们来看看预测的可能性和缺陷，模型是如何建立的？出人意料之事为何又在情理之中？为什么说关于未来最明显的迹象可能潜藏在已经发生的事情中……

第十一章

挑战极限

谁会想事先知道坏天气呢？坏天气来的时候已经够糟了，早知道岂不是更添郁闷？*

——杰罗姆 · K. 杰罗姆《三人同舟》（1889 年）

河水汩汩流淌，雨点在金属屋顶上持续不断地敲打，我渐渐醒来。慢慢地，我感受到窗边晨曦的微光、渐渐响亮的鸟鸣，当然，还有袜子的气味。人们描述热带研究的时候很少提到这种气味，但它却是炎热的天气、紧张的野外工作，再加上缺少洗衣设备不可避免的结果。如果你睡在全是陌生人的闷热宿舍，湿衣服和设备挂满了能找到的每一根钉子和床柱，这种“芬芳”就会变得格外浓烈。作为哥斯达黎加拉塞尔瓦生物研究站（La Selva

* Jerome 1889, p. 36.

Biological Station）的常客，我可能都有资格升房了。有些房间设施更完善，有阳台、私人浴室甚至空调——足以吸引一些游客以及常来常往的科学家和学生。不过我每次预订的时候，都会在这个园区里最老旧、最孤零零的一栋建筑“河站”（River Station）订一个床位。说是致敬也好，迷信也罢，我就是想待在一个伟大科学观念诞生地的屋檐下——这个观念几乎为生物学的每一次气候变化预测铺平了道路。

我悄悄穿上衣服，蹑手蹑脚地溜出房间，别人还都没醒。在拉塞尔瓦这样的野外工作站，很容易根据科学家出来吃早饭的时间判断他的学科。比如，鸟类学家就和鸟起得一样早，但我现在这些室友显然是搞夜间研究的——他们每晚夜深才回来，早上10点之前很少有动静。我自己的项目是关于树木的，这个研究对象就比较贴心，一天中任何时间研究都行。不过我起个大早是为了别的事。我想去验证一下自己对莱斯利·霍尔德里奇（Leslie Holdridge）的一个直觉，他是热带森林学家，在20世纪50年代初建立了“河站”作为自己的个人研究基地。他将周边的地产称为“Finca La Selva”，即“丛林农场”之意，然后在这里做一些可可和桃棕等木本作物的实验，将它们与本地物种间作套种，作为清除雨林的一种农业替代品。不过这并不是霍尔德里奇唯一的超前观念。他在“河站”期间还写出了后来广为人知的“霍尔德里奇生命地带系统”的定稿，通过将简单的气候变量相结合，来预测地球上任何地点的植被和栖息地条件。

来到户外，我把脚塞进齐膝的雨靴，四下张望了一番。“河站”

就像某种陆军兵营和建筑大师弗兰克·劳埃德·赖特（Frank Lloyd Wright）作品的混合体，镶嵌木板的悬挂式二楼在一楼上方探了出来，形成一个有遮盖的走廊。它坐落在萨拉皮奎河上方的峭壁之上，这条河被四面八方茂密的绿植挡得严严实实，能听得见却看不见。从这个角度说，这个都能引起幽闭恐惧症的地方竟然诞生了一个全球性的理论，似乎还挺奇怪。像拉塞尔瓦这样的低地雨林，在生物学上的变化远远多于景色上的变化，霍尔德里奇自己也说这里旺盛的植被“难以招架”。然而，即便在如此茂密的丛林，还是有办法来检验他对气候和栖息地的看法。在餐厅稍加停留后，我朝一条穿向这块地西南角的小路走去，如果我的怀疑是对的，我应该可以走进一片完全不同的生命地带，还能按时回来吃午饭。

我走的这条路途经实验室和教室，通向拉塞尔瓦 4 000 英亩的原始森林和再生森林。在霍尔德里奇的时代，同样的植被在周围绵延几英里，不过现在拉塞尔瓦是一片残留地。这里的森林是沿海平原现存面积最大的成片树木之一，周围三面分别是牧场、香蕉种植园和大片菠萝地。不过，它的第四面也没有与低地接壤，而是正好撞上了哥斯达黎加中科迪勒拉山脉（Cordillera Central）的山脚，那是从平原骤然拔地而起的一系列高耸的火山山脉，就像一堵漆黑的墙。幸运的是，相邻的这片地作为国家公园的一部分也受到了保护，人们可以从接近海平面的拉塞尔瓦出发，一路徒步登顶巴尔瓦火山（Volcan Barva），这座火山海拔超过 2 900 米。尽管我也不清楚霍尔德里奇是否也走过这条路线，但他一定知道会见到什么景象。他的生命地带的划分基础就是植物群落对

图 11.1　在莱斯利・霍尔德里奇看来，哥斯达黎加拉塞尔瓦生物研究站湿热的雨林体现了气候对植被的影响（照片来源：索尔・汉森）

气候做出应对的方式，正如一个多世纪以来，科学家们已经知道的：很少有地方能比一座热带大山更清楚地反映这种关系。

顿悟很少是孤立的，霍尔德里奇的重大突破也不例外。这一成果直接建立在 19 世纪德国博物学家亚历山大・冯・洪堡（Alexander von Humboldt）的研究的基础上，冯・洪堡探索厄瓜多尔钦博拉索山（Mount Chimborazo）并绘制了山侧生长的明显不同的植被带。* 乍一看，冯・洪堡的图似乎显而易见：上山过

* 尽管人们经常按字面理解，认为那幅图是关于钦博拉索这座山的图，但冯・洪堡的钦博拉索山图本意是要作为热带安第斯山脉植被模式的总体指引。有些列出来的物种和群落实际上是在其他山上发现的，这就给近年来想以这张图作为基准来研究钦博拉索山气候的做法增加了难度。参见 Moret et al. 2019。

图 11.2　亚历山大·冯·洪堡著名的厄瓜多尔钦博拉索山图探讨了气候、海拔和栖息地之间普遍存在的关系。其中的细节表现了植被带和对应的物种名称，从山的一侧向上排列。《植物地理学随笔》(*Essay on the Geography of Plants*, 1807)(瑞士苏黎世中央图书馆 / 公共领域)

程中，看到的栖息地和物种会发生变化。但阅读图上的小字就能明显看出，他理解更基本的原理。海拔是次要的。气候决定了什么物种生长在哪里，类似的植被应该出现在温度、湿度和其他条件相同的任何地方，无论地理位置如何。比如，在生长季节，树木无法在平均温度低于 6 摄氏度的地方生存，也就是钦博拉索山 3 550 米以上的地方、瑞士阿尔卑斯山 2 200 米以上的地方，或加拿大北部或西伯利亚海平面之上几英尺的地方。在这些迥然不同的地点，一旦越过这个温度门槛，森林栖息地就会让位于苔原。

当莱斯利·霍尔德里奇将注意力转向生命地带观念时，他发现了一个自冯·洪堡年代以来竟然几乎没什么变化的研究课题。在霍尔德里奇看来，其他试图对气候和栖息地之间的关系进行分类的尝试都偏离了冯·洪堡的基本观点。霍尔德里奇用相同的变量，在相同的热带环境里工作，设计了一个模型，以 3 个简单的测量值为基础：温度、降水量、湿度。他首次使用了他称之为“生物温度”的一种度量标准，用来反映植物积极生长的时间段。他利用标准的雨雪测量值作为降水量数据，最后的变量会将两者结合起来——获得植物可利用湿度的生物学相关指标。（这里要解释一下，霍尔德里奇关注植物，不只是因为他身为森林学家偏爱植物，也是因为对陆地生态系统的定义，几乎总是借助于为其搭建结构的植物，而不是在其中居住的动物。比如，我们最好管一个森林叫“森林”，而不是叫它“有树的鸟和松鼠地区”。）

为了说明自己的系统，霍尔德里奇把 30 个最重要的生命地带放进了一个三角网格里，就像一个栖息地占卜板，从顶端的冰原和苔原，到底部炎热的热带地区，湿润的森林在右边，经由热带稀树草原和低矮灌木丛林地，过渡到左边干旱的沙漠。尽管这个图里密密麻麻的格子和虚线缺乏冯·洪堡的钦博拉索图那种美感，但霍尔德里奇的三角图干净利落地抓住了基本的关系。教科书仍然在用这个三角图来解释气候对栖息地的影响。但对霍尔德里奇来说，这个图只是对他想法的粗略表述。他想象这个系统是三维的，更像金字塔，有成百上千的生命地带和次地带，每个地

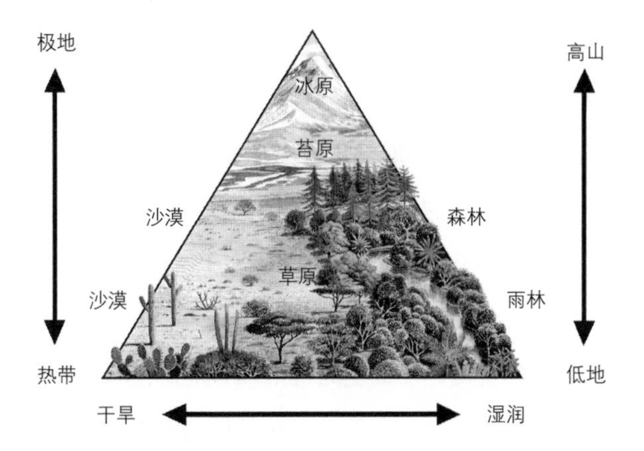

图 11.3 莱斯利・霍尔德里奇最初的生命地带图都是文字、数字和线条，但这个插图抓住了其本质，表明了气温与湿度如何互动并定义全球各地的栖息地［插图来源：克里斯・希尔兹（Chris Shields）］

带都像由气候的自然细微之处定义的一块概念积木。这种想象可能是霍尔德里奇最有预见性、最持久的贡献，因为计算能力的进步已经让这种复杂的抽象不仅成为可能，还变得十分常见，甚至成为现代生物学的一个基本工具。

从拉塞尔瓦到山麓丘陵的小路陡然向上，我开始明白为什么莱斯利・霍尔德里奇花了那么多时间思考温度和湿度的问题。我徒步的时候，脑袋上就像搭着一条冒着热气的毛巾。雨终于小了，天却更热了，因为云散开了，强烈的阳光打了下来。我在泥地里一步一滑，被滑溜溜的树根绊得踉踉跄跄，每爬升一步都非常艰难，我很快意识到，我根本走不了计划的那么远。即便如此，我还是看到了周围植被的变化。我一直在研究的那种在低地十分常见的大块头榄仁木完全消失了，所有林冠树种的个头似乎都变小了。我注意到林下叶层的蕨类更多了，大型棕榈树更少了，尽管植被仍然很茂盛，但也出现了一些空隙，可以俯瞰拉塞尔瓦和更远的地方。如果按霍尔德里奇的三角图来看，我当时是在图的右下角，从湿润的雨林向他所说的“山地前过渡地带”爬升。如果再多花些时间（或乘坐直升机），我就能继续爬到云林，到达一片由覆满苔藓的橡树组成的高山林地。那就是巴尔瓦火山。攀爬哥斯达黎加更高的山峰，能到达苔原一样的草地地带，就是所谓的高寒带，而哥斯达黎加西北部远端位于季节性干旱的“雨影区”，灌木丛林足够干燥，可以生长金合欢和仙人掌。根据近期的统计，哥斯达黎加拥有 23 个迥然不同的生命地带——接近在美国大陆发现的生命地带总数的三分之二，而且所有这些生命地带都挤在一个约等于丹麦国土面积的区域里。

对莱斯利·霍尔德里奇来说，哥斯达黎加气候和栖息地的多样性为他的理论提供了一个也许无法抗拒的理想实验场。他最初于 1947 年提出生命地带概念，发表了一份 3 页纸的概要，结语是：“更多的细节和例证将在目前正在准备的一篇论文中公布。”* 结果这篇论文准备了将近 20 年，霍尔德里奇勤勤恳恳地在哥斯达黎加众多生命地带等各种地方对他的观点进行现场实验。† 等到最终的 200 页作品发表时，几乎已经跑题了。多年来，科学家

---

* Holdridge 1947, p. 368.

† 因为一个转机，莱斯利·霍尔德里奇收到了美国陆军提供的研究资金，可以支付他在哥斯达黎加工作的大部分费用。随着越南战争的升级，美国军方突然对热带陆地情况非常感兴趣，想知道根据几个简单的气候变量是否能准确预测地面的条件。

们一直在引用他之前的 3 页纸，将生命地带的概念用于从鸟类和青蛙分布到秘鲁地理的各种课题上。简言之，莱斯利 · 霍尔德里奇的理论成了科学天空的一部分，并被各门学科采纳（和改写）。即使最终形成的模型已经大大背离他最初的设计，也全都采用了他的观念，即：栖息地是一个抽象的多维空间，能通过调整某些变量进行定义和操纵。“包络线”（envelope）这个术语很快被用于这个概念，这个词的原意是飞行员平衡空速、载荷和升力的影响，计算安全飞行空间的方式。正如开飞机一样，如果让栖息地变量超出其安全空间，就可能引起整个系统的崩溃。

当莱斯利 · 霍尔德里奇最初形成生命地带构想时，用他的话讲，碳排放会改变大气的想法还是一个“猜测”。* 他认为植物群落是相对稳定的，他认为他的系统是描述性而非预测性的。但是，到了 20 世纪 80 年代，全球变暖问题的研究者都将生命地带作为展望未来的一种基本方法。如果新的气候模型产生了更好的气温和降雨量预测，只要把相关数字嵌入霍尔德里奇系统就可以。把环境变热一点，结果就会往三角图下方移动，把环境变干一点，结果就会向左边移动。有一篇著名的早期气候论文就请读者这么做 †——这篇论文用一整页复制了霍尔德里奇的图表，还预测森林和灌丛带很快会变成干旱的草原和沙漠。随着研究领域的发展，气候和生物预测已经变得复杂多了。现在，研究者把气

---

* Holdridge 1967, p. 79.

† 参见 Emanuel et al. (1985)，涉及霍尔德里奇的工作与气候变化生物学预测建模这一新兴领域的奇妙的直接联系。

候分为几十个不同的变量，瞄准那些最重要的细微差别——对群落和栖息地，以及对在其中安家的个体物种很重要的差别。平均气温是否比极端天气更重要？某些季节是否更相关？风暴、洪水、干旱、土壤类型和地形这类非气候因素如何？对科学家来说，结论是一连串令人眼花缭乱的潜在模型设计，用一连串同样令人眼花缭乱的缩略词来描述，比如 GLM（广义线性模型）、GAM（广义加性模型）、PRISM（独立斜坡参数-海拔关系模型）、CEM（气候包络线模型），这还只是几个例子而已。为自然界很容易观察到的气候驱动的模式找到数学表达，是比较困难的。这是霍尔德里奇的激情所在，也是传记作者把他描述为森林学家和气候学家的原因——其实他从未直接研究过气候变化。

在从拉塞尔瓦出来匆匆爬这一小段山的时候，我不能说我注意到了气温下降，也不相信爬完山我的袜子能变得好闻一点。但是植被很明显对气候有反应，即便是在这么短的垂直距离里，如果说半个世纪的生物建模教给了我们什么，那就是细微的差别也很重要。复杂的计算机模拟、数据挖掘，还有其他理解这些细微差别所需的方法可能看起来很令人生畏（就算是生物学家也会心生畏惧），但是研究结果却不一定复杂难懂。迄今为止最具雄心的一个项目就能完全在线研究，而且任何在北美居住的人都能在自家后院做现场实验。

* * *

严格的生物学像一切“好科学”一样，需要客观、敏锐的思考，不带感情。但事实上每个人都有几个最喜欢的物种。我个人总是很偏爱金冠戴菊，那是一种小精灵一样的鸣禽，仿佛我家那边潮湿森林的化身——灰色和绿色是云朵和树，火一样的羽冠只是偶尔竖起，就像阴天里的阳光乍现。还记得在我小时候，金冠戴菊十分常见，我们给园子浇水的时候，它们总聚在我们的脚边，去喝水管滴下来的水。在研究生时期，我花几周时间研究了它们的冬季集群行为——它们十分容易找到，是短期研究项目的完美研究对象。直到最近我才想到，它们在我家附近树林里闪现的频率变少了。不知为什么，我最喜欢的这种后院鸟类似乎在衰落。

“瞎猜”或者“直觉”这类词在科学期刊里相当难找，因为研究者总是利用硬性数据来支持或反驳他们的假说。缺少有说服力的戴菊数据，我没法判断我家附近戴菊的减少是事实还是另一种趋势所呈现的假象——人到中年，眼睛不太能看得见小鸟了，耳朵也对它们银铃般的叫声日渐迟钝了。为了迅速解决数据问题，我去查看了世界上鸟类信息最全的宝典之一：全美奥杜邦学会的年度“圣诞鸟类数量”记录。这个统计活动开始于 1900 年，作为当时流行的假日疯狂射击的善良替代活动，每年志愿者统计的地点已经从最初 25 个增长为 2 500 多个，遍布北美、南美等地。在我所居住的岛上，人们于 1985 年开始贡献统计数字，每年冬天找一天时间在树林和海滩走来走去，记下他们遇到的每一只鸟。不出所料，金冠戴菊出现在每年的名单上。当我把数据绘成曲线图时，可以毫无疑问地看出趋势。在过去 5 年里，当地观

图 11.4　一只金冠戴菊在位于一棵冷杉树的“家”里。建模研究能帮助预测未来这个场景在哪里还会很常见，或者是否还会很常见（Depositphotos）

察到的数量比 1985 年下降了 65% 以上，降至平均 2 000 只的水平，有些数字甚至更糟。2017 年，几十个观鸟者在一个阳光灿烂的日子合作寻找，平均下来每小时只能勉强算找到一只戴菊。

既然我知道自己不是在凭空想象，我便开始关注是什么原因导致了这种趋势。以大量正在发生的由气候驱动的生存区转移来看，这样一个耐寒物种应该会向北转移。但验证这个理论需要的数据可比一个地点的几项年度观察要多得多。幸运的是，全美奥杜邦学会的伙计们不只是在圣诞的时候清点鸟类数量。他们的科研人员最近完成了一个详尽的栖息地模型，可以确切地显示出气候变化将金冠戴菊推向了哪些地方，甚至精确到了邮政编码。同时，他们还为另外 603 种北美鸟类也做了这种模型。

查德·威尔西（Chad Wilsey）对我说："我们太想尽力去了解尽可能多的物种，看它们受到哪些影响了。"作为全美奥杜邦学会的首席科学家，他负责监督 1.4 亿条特定地点观鸟数据的大规模收集和加工工作，这项工作考虑的问题超出了"圣诞鸟类数量"的范围，集大学研究者、政府机构和成千上万为在线 eBird 平台贡献数据的个人观鸟者之力。这就难怪威尔西的团队不得不跟一个数据科学公司合作进行分析了。即便借助云计算的力量，花费数个月时间也只是完成了项目的最初阶段：确定鸟类现在生活的地点，还有可能更关键的一点，即它们为何生活在那里。数百万项观察的详细地图可以回答第一个问题，但要回答第二个问题，需要鸟类学中相对较新的一种方法——利用人工智能（AI）。

威尔西在电话里向我解释道："机器学习是从大量数据中提取模式的强大工具。"他概述了一下这个程序，说得就像做一份沙冰或奶昔一样容易。"把观察结果放进去，验证模型，然后最合适的就出来了。"对于威尔西来说，这种举重若轻来自长期的实践——他用 AI 技术进行鸟类研究已经超过 10 年。威尔西就如同莱斯利·霍尔德里奇的现代翻版，他也是在哥斯达黎加开始为栖息地建模的。他告诉我："我就是在那里开始对鸟类和自然保护感兴趣的。"他说他一直专注于帮助鸟类和人类在同样的环境里共存。他解释道："我对模型如何改善管理感兴趣。"实际上他的工作对很多环境的栖息地管理决策都有贡献，包括军事基地和进行天然气开采的地点。威尔西讲话的时候带着习惯于解释抽象概念的人特有的胸有成竹，忍不住直接跳到研究结论——戴菊和其他鸟类可能迁移到哪里去了。不过我很想了解这个过程的细节，于是催他解释中间的部分，也就是“验证模型”那部分。他和同事们把所有庞杂的鸟类数据输入、按下按钮之后，发生了什么？计算机究竟做了什么？

电话那边停顿了一下，我能听见敲击键盘的声音，还有另一部电话的铃声。（我突然想，查德·威尔西可能就像他研究的计算机模型一样，能同时处理很多事情。）最后，他说：“你可以把模型想象成一个通向学习的反复程序。”“这实际上就是算法的定义。我最喜欢的例子、也是我最熟悉的一个，叫随机森林（Random Forest）。”接着，他描述了随机森林如何用小的数据子样本建立简单的模型——叫“决策树”——来解释这些数据。对于具体的物种，这些决策树利用气候变量和其他因素来解释看到这些鸟的地方。平均春季气温是否高于x？如果是，那么年度降水量是否小于y？等等。通过成千上万次重复这个程序，利用不同的数据子集和不同问题组合，算法就能创建一个潜在模型的“森林”。有些模型明显比其他模型能更好地解释数据，这些比较好的模型有助于揭示哪些变量对相关物种最重要。“你用这种模型做实验，”威尔西说，“用这种工具来把信号和噪声分开。”

经过全美奥杜邦学会分析后产生的模型*确定了各个物种的

---

* 对于奥杜邦学会的气候分析，威尔西和他的团队使用了一种与“随机森林”类似的算法，叫“提升回归树”（boosted regression tree），与一种名字令人难忘的算法“最大熵”（maximum entropy）结合使用。参见 Bateman et al. 2020。

夏季和冬季生存区要求，这些模型由十几个气候和栖息地变量的相对重要性定义。比如，某些鸟类对温度变化的反应超过了对降雨量的反应，或者对无霜期的天数、地形的险峻程度或湿地的存在有反应。为每个物种建立“最适合的”模型并仔细检查后，预测就变成了直接绘图。例如，如果戴菊只生活在一定气温和湿度范围内的森林栖息地，就只需要确定当世界变暖时这样的地方会在哪儿。标准的气候变化预测在各种未来气候场景中提供这类答案，全美奥杜邦学会把结果公布了出来。但是，除了一般都会有的同行评审论文和报告以外，他们还花时间制作了一个炫酷的互动网站。* 这些全彩地图展现了建模给气候变化生物学带来的可能是最重要的洞见，让我们可以看到物种将不得不去哪里寻找它们需要的条件。不过，对于威尔西和他的团队来说，还有一个问题更加重要：这些鸟有多大的可能性到达那里？

威尔西说：“我很惊讶，这些模型非常符合我们的脆弱性预测。”他解释说，有一个第二层的分析帮助他们认定了哪些鸟在未来几年会遇到最严酷的挑战。失去的栖息地与得到的栖息地对比图，结合对适应性的测量（比如幼鸟会从巢分散到多远的距离），就产生了相当于对各个物种的风险评估——这正是威尔西一直想要的那类现成的工具。他想“让结果尽可能有用、有相关性”，而且不只是对管理者和科学家有用。他补充道：“在我

---

* 网站上可以看到全美奥杜邦学会《不同温度下生存》(Survival by Degrees)报告全文和地图：www.audubon.org/climate/survivalbydegrees。

们心里，公众是重要受众。”想到这一点，我向查德道了别，立刻上网开始研究金冠戴菊的未来。

我最先注意到了地图的配色。引人注目的暗红色代表失去的栖息地，遍及戴菊生存区的南部。即便是最乐观的变暖水平也在我居住的岛屿上显示了一块红色。(这块红色似乎正好在我家上方偏右的地方。)但是，当我点击各个图表和预测时，我看到也有一些表示栖息地有改善的绿色，也有表示戴菊可能会进入新区域的淡蓝色。正如我猜想的，那些机遇都在北边，如果我在后院的观察能作为某种参考的话，那么戴菊已经在奔向北边的路上了。至少它们还有地方可去，威尔西的团队把它们列为面对气候变化仅有一定的脆弱性的物种。这种情况让我想起了海洋生物学家格瑞塔·佩茨尔对我说的话——如果一个物种能够迁移并生存下来，就是非常好的结果。于是，我关了电脑，感觉自己因为最爱的后院小鸟而受到了某种鼓舞。我可能会想念它们，但是我不应该为它们悲伤。它们只是搬到别处去了。进行这样的区分非常重要，因为对苦苦挣扎的物种有帮助的资源非常有限——不只是指科研和保护资金，还包括情绪资本。世界变化如此之快，生物学建模不仅提供了一些实用性的东西，也提供了一些私人的东西：它可以帮助我们决定去担心什么。

我跟查德·威尔西沟通的那天，恰巧他的团队发表了一篇关于他们建模项目的后续论文，检验项目的预测能力。若干专业鸟类学家团队与全国各地的志愿者合作，在特定的环境里搜寻特定的鸟类。他们发现，他们的目标物种——各种普通鳾和蓝知更鸟——确实生活在他们的气候模型预测的地点。被认定为最优栖息地的地点，鸟类数量明显更多，而边缘地区的种群则减少了。也许最引人注目的研究结果与集群现象有关：有 7 个案例中的鸟把生存区扩展到新近被认定为适合的地区，也就是生存区地图上前途光明的蓝色区域。威尔西承认，得到验证很令人高兴，但他很注意避免把任何模型预测看得太绝对。* “不确定性始终存在。”他提醒我相关性和因果关系还是有区别的。模型可以确定有用、有效的模式，却不一定会揭示原因。比如，戴菊向北飞可能确实像预测的那样，是去寻找它们更喜欢的凉爽气温，但没人知道确切的原因。要弄清这种鸟为什么不喜欢温暖的天气，还要再进行大量的研究。

与全美奥杜邦学会的研究类似，生物学中的大部分其他气候相关模型都侧重于物种分布，希望确定动植物未来可能出现（或消失）的地点。不过，正如我们在本书前面的章节里了解到的，气温上升并不是气候变化带来的唯一挑战，迁移也远非唯一的应对方式。很多可能很重要的变量并不能轻易用于建模——比如，出乎意料的可塑性或迅速进化，或捕食、传粉、寄生等重要

---

* 统计学有一句名言：“所有的模型都是错的，但有一些还是有用的。”威尔西引用这句名言，是为了告诉我，奥杜邦模型不必达到每个细节都准确，也可以提供对气候变化和鸟类的有益洞见。他解释道：“尽管有不确定性，但比较不同的场景还是很有帮助的。”模型预测，如果地球温度提高 3 摄氏度、碳未来“一切如常”，北美将近三分之二的鸟会受到中度或高度威胁。但是，如果升温可以限制在 1.5 摄氏度，这个数字就会下降为不到一半。“很显然，采取行动可以让事情不同，”威尔西总结道，“这就是一个有力的信息。”

关系的变化。总之，任何模型都不可能囊括现实世界里所有的生命复杂性。另一些生物学家开始把物种移到别的地方，看看它们在更温暖的环境中过得如何——它们原本的栖息地可能很快就会变得同样温暖。比如，高山植物和传粉者会被转移到海拔更低的地方，珊瑚会在水温变化的暗礁间移动。不过，这样的实验也很有限，因为不可能同时移动整个群落以及维持群落的全部复杂互动。为了克服这个挑战，在明尼苏达北部沼泽工作的科学家想出了一个富有创意又复杂的解决方案。他们改变了研究地点的气候。

* * *

兰迪·科尔卡（Randy Kolka）告诉我："我们管这个叫全生态系统变暖实验。"然后他的脸就不动了。我俩用的都是乡村的网络，我们的 Skype 通话只中断一次就算幸运了，我点来点去又等了几分钟，终于又能看见科尔卡的家庭办公室了。在新冠疫情居家隔离期间，网络摄像头的背景已经变成了某种说明，我注意到他身后的墙上挂着一条大得足可炫耀的大梭鱼。他抱怨道："我都在地下室的角落里困了 3 个月了。"一时间我甚至纳闷他究竟是为研究受到了影响遗憾，还是为失去钓鱼的机会遗憾。对我来说，居家令意味着取消去拜访科尔卡、参观 SPRUCE 野外工作站的行程，SPRUCE 是"Spruce and Peatland Responses Under Changing Environments"的缩写，意为"环境变化时云杉和泥炭地的反应"。这个名字很长，但正如科尔卡所指出的，这也是地球上规模最大的气候操纵实验。

科尔卡向我保证："这个实验绝对独一无二。"看了他发给我的照片，我不得不表示赞同。这个项目看起来与其说像科学，还不如说像科幻小说。在一片平坦的森林沼泽上，建了一连 10 个八角形的玻璃屋，每个玻璃屋都比两层楼还高，由闪闪发光的玻璃板和钢板制成。这些敞篷玻璃屋围住了几千平方英尺的栖息地，其中包括乔木和灌木，里面的气温可以操纵，还全天候地往里加二氧化碳，模拟各种未来的大气环境。不过，凭借数百万美元的预算和一百多位合作调查员，SPRUCE 项目拥有资源做更多的事——创造并埋设一套精巧的管道系统来加热地面。作为美国

图 11.5 兰迪·科尔卡在 SPRUCE 项目的木板人行道上，巨大的敞篷玻璃花园模拟着各种未来气候的土壤温度、空气温度和二氧化碳浓度［照片版权所有：雷尼·肯尼迪（Layne Kennedy）］

林务局的土壤科学家，科尔卡就负责项目的这个部分。这是一种非常之举，但也给这个实验平添了一些现实主义色彩，把研究的聚光灯照向了一个常常被气候变化生物学家忽视的秘密王国。

他说："我们已经看到变化越来越多。"他解释了增加的热量如何推动地下的活动，改善了很多控制腐烂和更新循环的微生物和其他土壤居民的环境。结果就是分解增加，随着泥炭层开始逐渐减少，沼泽高度出现可测量的降低。对于气候科学家来说，单是这个结果就已经让整个项目的付出值得了，因为沼泽的衰减速度是确定全球变暖速度的关键。科尔卡告诉我："这都与碳有关。"他描述了几千年来，形成泥炭的植物残骸如何在潮湿的酸性环境中积累。在 SPRUCE 项目地点，这些沉积物达到了 3 米以上的深度，可以追溯至 1.1 万年前。他继续说道："泥炭地仅占地球土地表面积的 3%，但是占土壤总碳的 30%。"换言之，目前泥炭地就像碳的"下水道"，把碳从大气中转移出来，长期保存在地下。但是，如果未来更热、导致分解加速，这些沉积物就会开始腐烂，其中保存的所有碳就会释放出来。"它们可以反转，"科尔卡告诉我，"泥炭地可能会从碳的下水道变成碳来源。"

究竟会在何时、何地、何种气温下达到引爆点？它是否会渗透到足够深的地方来影响真正古老的泥炭？很多问题还不得而知。但 SPRUCE 项目给了科尔卡这样的科学家一个机会，可以超越算法和模型，在真正的沼泽地里用真实的气温在活微生物上检验他们的预测。作为额外的奖励，他们还能看见项目地点的其他栖息动物如何反应。他说："发生了很大的变化。"他解释道，更高的气温延长了生长季，让项目地点变得更干燥，触发了很多预期的趋势，比如木本植物的扩张、泥炭藓的减少。新物种也来了，利用改变了的环境，增加的二氧化碳也起到了作用，让很多植物至少暂时加快了生长速度。* 但是当我们交谈时，引起我注意的是科尔卡所说的“最初不在我们假设中的”观察和发现。

他说：“最暖的玻璃屋里的树讨厌那里。”他这么描述与项目同名的黑云杉（black spruce）意外开始减少的现象还真是恰当。额外的热量确实延长了生长季，同时也在2月末和3月制造了更多的“假春天”——反常的温暖日子，让树木稀里糊涂早早发了芽，结果新长出的芽在之后的骤冷期被一网打尽。他说：“它们的储备只够一段时间发一次芽。”如果发芽太频繁，树木就会凋零，相当于死于“植物性衰竭”。没有人见过这个结果发生，而且其他木本植物为何就不会遭遇相同命运也是个未解之谜。实际上，最热的玻璃房子里的某些灌木还很欣欣向荣——迅速蔓延、长得更大，还结出了个头更大、汁液丰富的果子。科尔卡打趣道：“如果你喜欢蓝莓的话，那么未来看起来还不错。”

随着从地衣、苔草到蜘蛛等各种研究的开展，SPRUCE项目肯定会继续在预测结果之余，产生一些惊人的发现。科尔卡和他的同事们已经在提议新实验，以检验新的假说，他们希望项目能

* 因为植物在进行光合作用时要利用二氧化碳，所以理论上，在大气中增加更多二氧化碳应该能帮助植物生长，但其中的关系远非这么简单。“植物确实喜欢增加的二氧化碳，”科尔卡告诉我，“但别的东西，通常是氮，就会很快变得很少，所以这种增长通常是暂时的。”

超出计划的 10 年寿命。这就是科学的运行机制——每一项发现都会带来新的问题，即便结果是不可预见的（或者说，在结果不可预见时，更是如此）。对于气候变化生物学家而言，“意料之外”是他们在工作中习以为常的一部分。因为，就像下一章要展现的，即便看起来很简单的关系和预测也可能会出现意料之外的转向。

第十二章

意料之外

我们的经验表明，不是所有可观察、可测量的事物都可预测，无论我们过去的观察多么完备。*

——威廉·麦克雷爵士《宇宙学简述》(1963 年)

混沌理论里最著名的蝴蝶其实原本是海鸥。气象学家爱德华·罗伦兹（Edward Lorenz）在 1963 年一次关于预测有限性的演讲中提出了这个比喻，他说大气中的变化即使像海鸥扇动一下翅膀那么微小，也可能引起连锁反应，产生重大、未知的后果。后来他听取一位同事的建议，把鸟替换成了色彩斑斓的昆虫，

* McCrea 1963, p. 197.

“蝴蝶效应”便由此诞生了。*罗伦兹实际上是想说，要预测复杂系统是很难的，不过这个理论也被用来说明小的变化如何造成不可预见的后果。事实证明，不论哪种含义，这对气候变化生物学而言都是一个绝佳的比喻。

概括地说，混沌理论是要在混乱中寻找秩序，寻找随机性中隐藏的基本模式。对气候观察者来说，这个理论产生自天气研究一点也不奇怪。我读到有文章说，罗伦兹的传奇职业生涯从来都没有摆脱他这一行的主要挫败感：为何要提供准确的长期天气预报这么难？生物学家在努力预测气候变化结果时也面临着类似的挑战。当然，确实有一些达成共识的预测：很多物种会迁移，有些会适应，有些会消失；新的群落会形成；灵活的多面手会比某方面的专家更有优势。但是，自然系统的复杂程度与天气完全一样，充满了字面上和隐喻意义上“扇动的翅膀”。蝴蝶效应的潜力是巨大的，让生物学的预测者至少对一点有把握，那就是：一定会有意想不到的事发生。

简·奥斯汀（Jane Austen）曾说：“要给人意外惊喜是愚蠢的做法，不仅不会增加欣喜感，往往还会带来很大的不便。”†一

---

* “蝴蝶效应”这个词的起源常常追溯至爱德华·罗伦兹在美国科学促进会（American Association for the Advancement of Science）1972 年大会上宣读的一篇论文。不过安排罗伦兹这部分发言的一位同事后来表示是自己提出了现在著名的标题《可预测性：一只蝴蝶在巴西扇动翅膀是否会在得克萨斯引起龙卷风？》(Predictability: Does the Flap of a Butterfly's Wings in Brazil Set Off a Tornado in Texas?)。罗伦兹已经记不清自己何时开始用蝴蝶来替代海鸥，但这个暗喻最初是他借用的另一位气象学家的说法，后来一直以这样或那样的形式沿用了很多年。参见 Dooley 2009。

† Austen 2015, p. 183.

些科学家可能至少会赞同后面这半句。看到精心设计的实验或野外考察季突然因不可预见的情况陷入混乱，未免令人气馁（还常常很费钱）。但是不方便并不一定意味着没有成果，科学中的意外常常带来重要的新发现和新观念。我们在这本书里已经遇到很多这种情况了，从改变食谱的熊、不应该出现在某个地方的鹈鹕，到几乎一夜之间就进化了的蜥蜴。但这些案例几乎都能用气候驱动变化的意外速度来解释。生物学家走向野外，以为会看到常规的环境，却被一套新的环境条件震惊了。当气候变化模型本身出错时，就会完全不一样，一些被忽略的细节会颠覆深思熟虑的预测，将实际发生的结果推向不同的方向。这种意外正越来越多，在任何气候现实与预期相符的地方，理论都将面临考验。即便看起来简单明了、不容置疑的预测也可能失手，比如正在变暖的北极荒原的一种常见海鸟。

* * *

法兰士约瑟夫地群岛是位于俄罗斯北极国家公园的一个群岛。这个群岛里有欧亚大陆旱地最北端的露头（outcrop），距离北极仅 900 千米。岛屿在一年中大部分时间都被海冰环绕着，给北极熊、海象、胡须海豹等靠冰生存的生物提供了充足的觅食机会。体型最小的生物里有一种黑白相间的海鸟，毛茸茸、圆滚滚，煞是可爱，就像毛绒玩具有了生命一样。在遥远的北方，短翅小海雀的数量比所有其他海鸟都多，19 世纪探险家弗雷德里克·比奇船长（Captain Frederick Beechey）对其数量之众有令人印象深刻的描述："它们太多了，我们经常看到它们在海湾上空连成一线，占据了半个海湾，绵延 3 英里多，而且挨得特别紧，一枪能打落 30 只鸟。这个柱形鸟群截面长宽都超过 6 码，一个立方码按 16 只鸟算，估计有将近 400 万只鸟同时在飞。" *

比奇描述的鸟群当时正在离开悬崖边的筑巢地，沿着浮冰的边缘向大海进发，前往它们喜欢的觅食地。像其他海雀一样，短翅小海雀属于潜鸟，用它们粗短的翅膀在水下"飞"并追捕猎物。不过，潜鸟这一族群的大部分成员主要捕鱼，短翅小海雀则主要捕食浮游动物，即冰雪融水与北冰洋冷盐水混合处一大群一大群繁荣生长的微小甲壳动物。这种与冰缘的密切关系让它们在气候变化面前特别脆弱。在比奇的时代，法兰士约瑟夫地群岛这样的地方，冰冻的海水一般最多离海岸几英里，这意味着他看到的那些大型鸟群可以很容易地到达它们的觅食地。如今，冰缘每年都向北移动，觅食的短翅小海雀要填饱肚子、喂养幼雏可能越来越难。由于北极的夏季海冰预计最早将于 2050 年全部消失，对短翅小海雀种群的预测也很简单：稳步减少，然后崩溃。然而，当鸟类学家去实地检验这个模型时，他们发现，"未来"有一个迥然不同的版本。

大卫·格莱米耶（David Grémillet）在电邮中写道："法兰士约瑟夫地群岛之行是一个惊喜，也是不可思议的冒险。"目前担任法国国家科学研究中心（CNRS）高级科学家、法国拉罗谢尔

---

* Beechey 1843, p. 46.

大学希泽生物研究中心主任的格莱米耶，于2013年参加了去这个群岛的大型科考活动。这是西方科学家和俄罗斯科学家的一次联合科考，数十位研究者调查了从藻类、地质学到海洋病毒的各类课题。格莱米耶的小组在季哈亚湾一个废弃的苏联科考站待了将近一个月时间，他说那里“就像展示20世纪50年代苏联面貌的大型露天博物馆，所有木棚都留在那里、慢慢填满了冰”。从这个地点出发，很容易去附近几万只短翅小海雀的觅食区。格莱米耶的团队已经研究过格陵兰岛和挪威的物种，遵循着一套很完善的科学实验方案。“我们就按通常的做法进行实验，”他写道，“在鸟巢的附近捕捉小海雀，给它们装上3克重的电子跟踪器。”当他们再次捉到这些鸟，摘下它们的微型跟踪器，开始下载数据时，惊喜出现了。

他解释说：“我们其实对它们的行为有很强的假设和预测。”他指出，在他们之前的研究里，这种鸟一般要飞超过100千米才能达到大块浮冰的边缘。他接着说：“我们预计在栖息地和觅食地之间飞行的时间至少要一小时。”然后他描述了他口中“研究生涯中最令人激动的时刻之一”。当时他们带着笔记本电脑坐在餐桌边，旁边是他们的俄罗斯同僚，他们打开第一批跟踪数据，看到了这些鸟在空中的确切时间：不到4分钟。这些短翅小海雀并没有一路跋涉奔赴海冰的边缘，它们显然在家门口找到了替代的食物来源。但那是什么呢？在哪里？不难想象接下来发生了多么热火朝天的猜测和讨论，也许还来了一两口伏特加助兴。很快，他们的想法开始集中于一个全新的假说。

格莱米耶回忆道：“我的同事热罗姆·福特（Jérôme Fort）提起了我们一周前跟俄罗斯朋友一起在附近爬山时看到的景象。”他描述了在峡湾入海口那里有一条泾渭分明的线，浑浊的蓝色冰川融水与黑暗厚重的北冰洋洋流猛烈撞击。福特和格莱米耶在研究鸟类之前都接受过海洋学的训练，所以他们都了解这种突然转变的后果。“我俩都知道这种海洋锋意味着什么：会有厚厚一层被温度和渗透冲击杀死的浮游生物。”对于微小甲壳动物而言，突然从一种水域游到另一种水域就像驾车开足马力去撞墙。而对于以这些甲壳动物为食的生物来说，遇到这样的连环车祸可要发达了。

检验他们的理论需要船，但唯一能用的小船是“一艘缓慢漏气的小艇”，而且他们后来发现，他们从摩尔曼斯克带来的燃料也被水污染了。这种条件对于探索极地海洋来说可不甚理想，但他们还是出发了，引擎一路发着噼噼啪啪的声音，他们深入峡湾进行调查。起初他们并没看到什么，但穿过冰川融水与海水交汇处时，周围突然出现了很多短翅小海雀。“小海雀都在那儿，”格莱米耶写道，“在海的一边排成一线……冲进水里，轻而易举地从水下厚厚一层浮游生物中挑拣食物，大快朵颐。”

由于这项发现，短翅小海雀与气候变化的故事顿时从日渐消亡的悲剧反转成东山再起的励志剧。海冰确实正如预测的一样在融化，但北极冰川也在融化。在法兰士约瑟夫地群岛这样的地方，冰川很多，制造了没人见过的机遇。格莱米耶和他的团队在野外考查期间的剩余时间里发现短翅小海雀不仅靠新的食物来源

图 12.1 短翅小海雀（“dovekie”，也叫“little auk”）通过利用北极冰川融化带来的新进食机会，推翻了与气候变化相关的预测（照片来源：大卫·格莱米耶）

活了下来，而且还很兴旺。幼雏的生长速度与几十年前在同一地点测量到的传统饮食情况下幼雏的生长速度完全一样。*唯一可能的应激反应迹象出现在成年小海雀身上——它们的潜水行为更加多样化，体重有轻微下降，似乎去吃“水下浮游生物层”需要多费一点力气。对于格莱米耶来说，这个项目表明，忽略一个细节就可能对结果产生巨大影响。“即便你以为你知道，”他总结道，“你也还是得去实地看看野生动物怎么做，它们总是让你

* 在短翅小海雀比较喜欢吃的、依靠海冰生存的浮游生物中，至少有两种已经在冰川与海洋的分界线水域找不到了。但这些鸟显然靠进食丰富的桡足类小型甲壳类动物来弥补了这个欠缺。参见 Grémillet et al. 2015。

意想不到。”

以目前变暖和融化的速度来看，法兰士约瑟夫地群岛的冰川应该能维持（以及持续产生浮游生物层）最多 180 年。之后当地的短翅小海雀怎么办，谁也说不准。最终，格莱米耶研究最重要的发现可能不是短翅小海雀吃什么、在哪儿吃，而是它们转变得如此轻而易举。（这也就是它们的“可塑性”。）迅速改变饮食的现象同样也发生在格陵兰岛的短翅小海雀身上，现在，那里的小海雀靠鲭鱼和其他新到达的温水鱼类的幼体为生。但格莱米耶仍然认为这个物种高度脆弱，因为，正如他所说，它们生活在“能量学的刀锋”上——它们全年都要苦苦寻找足够的能量，而在它们的环境里，要起步就很难。如果他最新的一个想法是正确的，可能还会发生进一步颠覆短翅小海雀预测的变化。在我们互通邮件之后，他想起来转给我一份“可能会令人惊叹”的全新论文。如果夏季海冰消失，什么能阻止北大西洋海鸟越过极地迁徙？他和他的同事计算，短翅小海雀（也可能是很多其他物种）如果在更温暖的北太平洋过冬，就能节约大量能量，也可能会在那里建立繁殖地。对于未来的鸟类学家而言，由此导致的地理混淆可能真的看起来很混乱。发现鸟儿没按你预测的方式进食可能还可以接受，但如果连寻找它们要去的大洋都变了，可就有点难以接受了。

改变一个系统或等式的输入值，不一定会改变结果，数学家管这种关系叫“非线性”。生物学家也用这个词，特别是在描述像短翅小海雀和冰川之间这种不可预见的联系时。实际上，使用

“非线性”这个词常常相当于间接承认研究结果出乎意料，而随着越来越多的气候预测得到检验，这个词在生物学文献中越来越常见了。“假春”对 SPRUCE 项目沼泽树木的影响就是个绝佳的例子，植物学家发现更北的地方也有类似的情况，在那里，大片的苔原和北方针叶林正面临着被冻死的反常命运。（尽管植物受益于更长、更温暖的生长季，但冬季积雪减少让它们面临致命的寒冷。）最常见的一种气候反应“早春开花”也很容易因降水的变化、其他季节温度的变化，或海拔、朝向这类具体的地点因素受到干扰，甚至是逆转。传粉者可能会让情况更加不可预料。例如，熊蜂找不到足够的春季花朵进食时，有时会在叶子上嚼出洞来，刺激它们最喜欢的植物开花。这种物理伤害的应激反应似乎会触发一种“破釜沉舟”式的繁殖激增，* 把花期提前一个月，不管天气如何。这是趣味无穷的生物学，但也是高度本地化和不稳定的生物学——对预测算法来说太难了。

在气候变化生物学中，被忽视或者人们压根儿不知道的联系总是会带来意外。但在整件事中还有一种混乱因素，更能让人想起蝴蝶效应，那就是遥远的事件不可预见的结果。最好的一个例子就是本书开篇时的那个场景——约书亚树国家公园，以及为这个公园命名的标志性树种。这是个生物学故事，但也涉及古生物学，因为解释这个故事的关键事件不是空间上距离这个公园遥

---

* 也很有可能是雄峰唾液里的信息素强化了这个效应。当用镊子和剃刀模拟蜜蜂损伤进行实验时，开花时间仍然会提前，但程度要低得多。参见 Pashalidou et al. 2020。

远，而是时间上遥远。

* * *

想起自己为启动约书亚树项目努力了那么久，肯·科尔（Ken Cole）叹道："一年又一年过去了，我始终没得到资金。"他注意到，在成年树木中有一个明显的模式——它们正面临死亡，几乎没有后代来取代它们，而他能找到的树苗很少能从它们的父母那里长出30米以上。他想到一个可靠的假说，可以解释这种情况，当他向美国国家公园管理局（US National Park Service）提议做这个项目的时候，他们认为这个想法很好。他在美国地质调查局的上司们也都很认可，他本人当时已经是美国地质调查局的美国西南沙漠气候和植物关系专家。然而，不知何故，这个地区最具标志性的树种一直没被这两个机构列在优先考虑清单里。肯和一个同事一直在收集初步数据来支持自己的观点，完全靠聪明才智来弥补资金缺乏的问题。

科尔回忆道："最难的部分是找出当时的分布情况——约书亚树都长在哪里？"对于这么著名的树种，可用的信息却出奇地少，他也雇不起野外调查队出去调查。但是科尔不愿放弃，他终于想到了一个办法，都不能说这个办法成本低，因为它根本就是零成本，那就是：房地产广告。通过在线搜索房产广告，科尔开始积累起一个庞大的约书亚树潜在栖息地数据集。每次莫哈韦沙漠里或周边有房子或地块要出售，他都能获得一个新的、有确切地址的数据点。而且因为发布的出售广告总是带图片的，他需要做的只是在图片库里扫描寻找类似的形状。“很容易就能看出来那里是不是有约书亚树。”

做了 8 年廉价的研究之后，科尔意识到，在没有收到一笔补助金的情况下，他已经有足够的数据来分析和发表他的发现了。好在他的同事是一个物种分布模型天才，而且科尔已经有了对大部分人来说很难收集的信息。他了解约书亚树的历史，知道它们自更新世以来生长或不能生长的所有地方。这个数据集跨越了 3 万多年的时间，而且是靠研究一种被大多数人嫌弃的小小沙漠栖息动物来收集的。

科尔解释道：“林鼠巢穴里装满了约书亚树化石。”他告诉我，他的博士研究和早期职业生涯都用来在古老的鼠窝里翻找、辨认植物遗存。这听起来可能不太吸引人，普通啮齿类动物的巢穴确实如此。但林鼠可不只是藏点绒毛、藏些食物；它们是强迫症囤积者，堆积的残渣兼收并蓄而且有时数量惊人，从树叶、种子，到骨头、昆虫残骸、闪亮的纽扣，什么都有。这些宝贝可能都是从它们当作“家”的洞穴或岩石裂隙附近几百英尺的范围内收集来的，所以每个林鼠巢穴都能提供一个对周围环境的“快照”。这对科尔这样的科学家来说非常重要，因为这些林鼠巢穴在沙漠里可以无限期保存——干燥的空气，再加上林鼠的尿液结晶，形成了一种坚硬、琥珀一样的外壳，保护了巢穴。* 从某种

---

* 这种古老巢穴的外壳有个术语叫“amberat”，这种物质非常硬，必须用石锤采集，再在水里浸泡好几天，才能把内容物泡出来。林鼠巢穴至少可以追溯至 5 万年前，这是精确的碳测年的极限。有些林鼠巢穴的年代可能还要久远得多。

意义上说，分析林鼠数据与寻找房地产广告没有太大区别——都有地点，都能瞥见当地植被。科尔把广告和林鼠数据放在一起，就得到了树种的长期地理分布史，就能看出在回应过去的气候趋势时，约书亚树的生存区在当地如何扩张和收缩。他还得知了别的情况。这一次，事情有点不一样。

科尔说："约书亚树是这类研究的理想对象，因为它们对气温有直接的反应。"这种性状能让他很容易地对它们的历史生存区绘制地图和建模——在寒冷的时期，它们会向南撤，进入现在的墨西哥地区，气候变暖时它们又会向北转移。但这种长期以来的模式显然在上一个冰期结束后就不复存在了。迁移到南方的种群随着全球变暖开始消亡，这种趋势随着现代气候变化愈演愈烈。但出于某种原因，等式的另一边——向北的扩张——减速后完全停止了。内华达州南部和毗邻的加州有一大片狭长的土地已经变成适合约书亚树生长的地方，但这种植物并没有显露出迁移进来的迹象。肯·科尔很清楚为什么。

科尔若有所思地说："我职业生涯中的很多东西都集中在这个项目里。"尽管他名义上已经退休了，还留着神气的蓬松白胡子，但他告诉我，他每天仍然有不少工作，就在我们的视频会议前，他刚徒步几英里去沙漠取回一个远程天气监测器。不过，他关于约书亚树的主要观点要追溯至几十年前他还在念研究生时的一次野外旅行。他说："当时我们在大峡谷的一个山洞里，里面大地懒的粪堆了 3 米厚。"他回忆起他的博士生导师指着粪堆的顶部，夸张地宣称：**"这是 1.2 万年前大地懒灭绝之前落在那里**

的最后一个粪球。”这一幕在科尔的记忆里非常鲜明，不只是因为当时的场景和博导的这番话，还因为那些古代的粪便显然包含着可见的约书亚树树叶和果实碎片，就跟他正在研究的林鼠巢穴一样。

对有些人来说，这可能只不过是一个有趣的巧合——古代沙漠中体型大得数一数二的栖息动物和小得数一数二的动物保留下了同样的植物遗存。但是对科尔来说，其中蕴含了很多东西。他说：“这让我开始思考，为什么约书亚树的果实离地面这么远。”然后，他列举了这种果实在丝兰属果实中很多与众不同的性状。“它们不会裂开，它们的大小跟柠檬差不多，它们是肉质的，它们营养丰富。”换言之，大部分丝兰属植物会长荚状蒴果，果实离地面很近，能够裂开散播种子；而约书亚树很高，汁多味美的果实显然是要吸引动物的，但是要吸引什么动物呢？林鼠确实会咬开这些果实取里面的种子，但它们只能吃落在地面上的那些又老又干的果实。在这些果实成熟的鼎盛时期却没有动物来吃，是很奇怪的，它们的含糖量高达25%，惹眼的绿色果实成堆成簇，沉甸甸地挂在枝头。用另一位研究者的话说，约书亚树为何要“耗费大量的能量和资源制造一个没有市场的产品”* 呢？答案肯定是那个市场消失了。

科尔说：“沙斯塔大地懒是与猛犸和其他巨型动物同时消失的。”他把它们的灭绝归因于所谓的“更新世过度捕杀”，这种

---

* Lenz 2001, p. 61.

观点认为，在上一个冰期结束时，人类猎手从亚洲迁移到北美，他们用矛和其他武器迅速消灭了北美大陆上的几十种大型哺乳动物。[这并不是巧合，科尔的博导——第一个让他注意到大地懒的那位博导，不是别人，正是这个理论的主要缔造者保罗 · S. 马丁（Paul S. Martin）。] 不过，姑且不论大地懒为何消失，它们的缺位肯定在生物学上产生了深远影响。*

成年沙斯塔大地懒最高可达 2.7 米，体重可超过 250 千克，这种体型正好适合进食约书亚树的果实，而取自它们粪堆的化石证据也表明，它们经常吃约书亚树的果实，不只是在大峡谷，也在西南沙漠的各个地方。这是一种古老的伙伴关系，可以为地懒提供热量，也可以为约书亚树提供可靠的远距离种子散播者，让它们的生存区得以随着气候模式的变化有规律地扩张和收缩。通过绘制约书亚树过去生长地的地图、模拟它们自气候开始变暖以来迁移的地点，科尔的研究表明，它们的扩散恰好在——用保罗 · S. 马丁令人难忘的话说——“最后一个粪球落下”的时候停止了。没有了这些巨型动物漫步几英里穿越大地，约书亚树只能依靠林鼠和其他碎步疾跑的啮齿类动物移动它们的种子，这种

---

* 对于大型动物灭绝的全面影响，人们所知甚少，研究甚少。来自北极的一种可能性非常值得注意，一些科学家认为，这里由于少了猛犸、披毛犀、野牛和马来吃草，曾经大草原式的草场变成了今天长满苔藓的苔原。在“更新世公园”用马、牦牛、麝牛和其他有蹄类动物做的实验表明，重新引入消失的食草动物能将系统重新变回草原，可能会提高碳封存，让永久冻土层的消失放缓。参见 Macias-Fauria et al. 2020。

策略下的扩散速度很慢，每年只有 2 米。* 随着气候变化导致它们目前的生存区越来越不适宜生存，约书亚树深受过去的困扰和阻碍——它们不能向北到达更凉爽的环境，面临可能从很多地方消失的风险，包括以它们命名的国家公园。

在我们的谈话结束之前，我给肯·科尔出了一道难题。如果沙斯塔大地懒活到现在，还在美国西南部走来走去，约书亚树是否能跟上现代气候变化？他笑了，停了一下，不过只停了一秒钟，就好像复杂的变暖和扩散计算在他脑子里早已是轻车熟路。“是的，”他得出结论，“它们也许能。”不然，约书亚树可能很快就只会出现在北向的山坡和其他凉爽的庇护所，或者，颇具讽刺意味的是，它们可能不得不依赖我们人类来充当它们新的远距离散播者。科尔发现，“人们已经喜欢把它们种在花园里了”，所以在北方地点建立存活种群只是一个规模问题。生物学家管这种策略叫“人类协助进行的迁移”，而且正在考虑将其用到越来越多的物种上，因为约书亚树并不是唯一一个迁移能力意外遇到问题或受阻的物种。古代的灭绝也不是唯一干扰气候变化自然反应的现象。栖息地丧失、城市化、污染、入侵物种和其他人类驱动的趋势极大地改变了生态系统，在这个过程中搅乱了无数进化

---

* 距离有限并不是依靠啮齿类动物进行扩散的唯一劣势。约书亚树的种子似乎能完好无损地穿过树懒的消化道，而松鼠和老鼠收集、隐藏种子的目的也是回头再来把它们吃光。成功的扩散只有在藏丢了或放弃了的时候才会发生，但那种情况可能很少。在一项研究里，836 个通过啮齿类动物散播的约书亚树种子中，只有 3 个最终发芽了。参见 Vander Wall et al. 2006。

图 12.2　沙斯塔大地懒灭绝后，约书亚树就失去了主要的长距离种子散播者，在几千年后，也就是它们努力跟上气候变化的今天，这种影响才被感受到（插图来源：克里斯·希尔兹）

关系和策略。* 现在面临气候挑战的动植物所处的环境，已经与它们曾经进化和适应的环境十分不同了。这种场景为预测工作更添了一层混乱，更让气候变化生物学家免不了要面对很多意外了。

科幻小说作家雷·布莱德伯里（Ray Bradbury）在他 1952 年的故事《雷霆万钧》（A Sound of Thunder）中就预示了蝴蝶效应这个观念，这么说一点都不夸张。在他笔下，时间旅行者去到侏罗纪时期，不小心踩坏了一只金黑绿三色相间的蝴蝶。返回现代后，他们发现自己的世界发生了微妙但深刻的改变。词的拼法不一样了，人们讲话很奇怪，最近的总统大选结果也逆转了——这些都是那个微小的变化历经很多时代之后引起的后果。生物学家如果有时光机器，也会对回到过去感兴趣；不是为了改变过去，而是为了从中学习。在一个变暖的星球上，对未来的最佳指南也许就存在于逝去的往日，因为就算当前气候变化的驱动力可能与以往不同，但只要回望历史，就能明白一件事：气候变化并不是什么新鲜事。

---

* 气候变化是对生物多样性的严重威胁，这是伊丽莎白·科尔伯特（Elizabeth Kolbert）那本精彩的书《第六次灭绝》（*The Sixth Extinction*）中探讨的主题。但在气候变化的影响变得十分明显之前，动植物已经受到了其他人类行为的严重威胁——严重到肯尼亚保护生物学家和人类学家理查德·利基（Richard Leakey）和新闻记者罗杰·卢因（Roger Lewin）在 20 年前就写了一本以此为题的书。书中同样令人信服地指出，我们人类这个物种正在触发地球的第六次大灭绝事件，这次灭绝完全建立在栖息地丧失和过度捕杀这类现象之上。书中甚至都没提现代气候变化。

第十三章

那是过去，这是现在

历史学家是面向过去的预言家。[*]

——弗里德里希·施莱格尔《学园》(1798 年)

常言道：“家是回不去的地方。”如果现在房子归了别人，就更是如此。所幸，我想回去看看童年时住的老房子，还可以实现。我想看看屋后的小巷，那是一条公共道路，从我们车库的后墙向南延伸六个街区，通向最近的主要十字路。我停好车，出来环顾四周，这里的景象与我记忆中别无二致——狭窄的小巷里挤着垃圾桶、户外家具、放在拖车上的小船，还堆着各种各样的家庭杂物。在一户人家后面，我看到一组秋千和散落的玩具，院子里有篮球筐、儿童泳池，还有至少两个家庭自制的滑板坡道，真

* Schlegel 1991, p. 27.

不错。当我看到一个手写的警示牌上面写着“慢行——有孩子玩耍”，我就知道了这里明显没有改变的一个情况——房子里可能住了不同的家庭，但小巷仍然属于孩子。我在那儿住时，不管干什么，都要先说一句“咱们小巷见”，从自行车比赛到棒球比赛，再到我心中排名第一的小巷活动：找化石。

拜地质学奇观所赐，我成长的地方坐落在一个砂岩脊上，到处是古代生命的痕迹。大部分基岩埋在草坪、房屋和森林下面，但小巷的一个狭窄处有一个露头，很久以前一定有人为了平整路基在这里实施过爆破。结果就在小巷的上坡一边形成了一个长约10米、由易碎的米色石头组成的斜面——这对想要成为古生物学家的人来说可是一个不可抗拒的目标。我们很快就发现，这些暴露出来的岩石块扔到路上很容易裂开，有时会露出困在里面的印痕。当然，我们希望能发现霸王龙或者至少是三角龙，有一次我们甚至说服自己，岩石里的一个圆形一定是一颗巨蛋的残骸。我们并不知道，我们的考古挖掘场可追溯的时代是小行星撞击地球造成非鸟恐龙灭绝之后的时代。不过，我们发现的叶子、树枝和其他植物组成部分能告诉我们的故事，却远远超出了我们所成长的世界。其中有奇怪的蕨类和棕榈叶，完全不同于今天在太平洋西北地区沿海植物群中居于主导地位的冷杉、云杉和松树。即便没有受过专业训练的人也能轻易看出，我们这个地方以前看起来跟现在很不一样。如果当时能有一位专业人士在我们身边，他就能告诉我们，我们无意中发现了“古新世-始新世极热事件”的证据，这个事件也是被研究得最多的现代气候变化的历史类比对象之一。

“那是过去 6 500 万年中最热的时期。”地质学家、古植物学家蕾妮·洛夫（Renee Love）是这么描述那段时期的，这也是她的研究方向。洛夫现在是爱达荷大学的讲师，她的博士论文就是关于我在华盛顿州的家乡地下的植物化石的。她这篇论文有 952 页，其实也没想写成野外考察指南，但我回乡的时候在笔记本电脑里带上了一份。我想着万一我能找到几个标本，洛夫那些详尽的图例和照片就能帮我找到标本名称，给我从小挖到大的物种增添一点科学语境。我在办公室里精心制订的这个计划在我看到老化石层的那一刻轰然崩塌了。受到侵蚀的砂岩没了，取而代之的是一堵亮闪闪的景观砖白墙，一层一层沿着山坡砌上去。再没有基岩露出来了。我顿时深感失落——不只是为自己，也为现在住在这里的小孩子，他们永远体会不到在屋后小巷找化石的乐趣了。然而实际上这可能是最好的做法。大人一旦抓到在路上摔石头的小孩，就会撵他们回家。我开始意识到，如果是对我——一个戴着防疫口罩的中年陌生人，还背着个包、拎着一把锤子，可能就不只是撵回家这么简单了。我的出现已经引来了一些好奇的目光，我该离开小巷了。

幸好我知道小镇南边的森林有一个人迹罕至的山坡，在那里寻找化石就不会看起来这么可疑了。那里到处都是这类石头——始新世砂岩，这些石头因受到侵蚀而松动，很容易从悬崖上敲下来。我立刻去了那里，很快就发现了两个相当完整的样本，按照洛夫论文的说法，这些植物是桦树的远亲。

后来，当我在 Zoom 上与她视频通话时，她说："没错。白桦和赤桦都是大约那个时候从共同的祖先演化来的。有相当多的树种都是。"然而，随着我们的谈话继续，我得知似乎古代世界只有桦树才是那里的常见树种。以前当地并没有山丘，而是一大片由冲积平原、辫状河、牛轭湖组成的平坦网络，地势低洼的河系逐渐变宽，汇入大海。当时的气候是湿润的亚热带气候，与今天墨西哥的某些地方类似。河岸上有貘在游荡，还有巨大的不飞鸟*——那是一种不会飞的鸟，看起来像羽毛乱蓬蓬的粗脖子鸵鸟，有一个巨大沉重的喙。鳄鱼潜藏在浅滩，在泥地里留下五趾足印，沉重的尾巴留下长长的拖痕。所有这些化石，蕾娜·洛夫都见过，但对她而言，奇异的动物还在其次。真正的故事——以及与气候变化的联系——在叶子里。

她说："植物到处都是。"作为一个花了大量时间思考 5 500 万年前植物的人，她的语气从容自信。做研究生时，洛夫连续几个月驻扎在她的小货车里做野外研究，收集、拍摄并绘制了数千块始新世化石。再加上常年的分析，难怪她能轻而易举地描述出从前由巨大的树蕨、棕榈树，以及至少 142 种不同的多叶树、灌木和藤本植物组成的茂密森林。虽然并不是每个样本都能辨识出来，有些对科学来讲可能还是新事物，但她不需要给树叶安上名

---

* 很多分类学家现在都把北美的不飞鸟（*Diatryma*）和欧洲的同属的冠恐鸟（*Gastornis*）归到一起。最大的品种有将近 2 米高，长期以来一直被认为是凶猛的捕食者。但有些专家认为它们是食草动物，是"温和的巨人"（蕾妮的原话），它们用巨大的喙碾碎种子、水果和木本植物。

字，也可以记录下它们最重要的特点。

她告诉我“这叫叶缘分析法”，然后描述了一种简单的关系，用她的话讲，这种关系使树叶化石成为“研究过去气候的最佳工具”。这并不是一个新概念。1916 年，哈佛大学两位植物学家指出，温暖气候下的树叶往往边缘平滑，而比较凉爽地方的树叶边缘会有裂片或锯齿。个中原因没有人完全知道，不过也许这与植物调节水分流失的方式有关。*（锯齿状能增加叶片的表面积，可以通过顶端的气孔蒸发更多水分。锯齿比较少可能会帮助植物在更温暖的气候里保留水分。）这个模式在所有现代植物中都惊人地一致，发现者立刻注意到同样的原理也可以适用于过去。他们写道：“这样就能用一种简单快速的方式测量白垩纪和第三纪的一般气候条件了。”† 在第一篇论文发表后的一个世纪里，叶缘分析法得到了发展和微调，出现了精确程度惊人的“深时”（deep time）温度计。只要有足够的化石，用平滑和粗糙叶缘的比例就能确定古代的气温，误差仅在几度以内。其他的具体信息会增添一些微妙的区别，比如以逐渐变窄的“滴水叶尖”为主的叶片常见于雨水温暖又丰沛的地方。用洛夫的话讲：“古代记录告诉我们气候发生了变化，叶片形状告诉我们是怎么变的。”

---

* 叶缘和气温之间的确切关系属于自然界里看似简单，但尚未得到准确解释的模式。齿状叶片确实会增加蒸腾作用（水分流动），能帮助植物在更凉爽、有季节变化的环境里获得更多生长机会。反过来，缺少齿状的叶片可以防止植物在热带脱水。其他研究表明，关系可能更简单：叶片形状对叶片在不同条件下的生长效率起到直接作用。参见 Wilf 1997。

† Bailey and Sinnott 1916, p. 38.

图 13.1　这些树叶化石可以追溯至 5 000 多万年前古新世–始新世极热事件发生时，当时大气中的二氧化碳增加，将全球气温推向一个高峰，重置了各地生态系统（照片来源：索尔·汉森）

由于手边有很多树叶化石，蕾娜·洛夫毫不费力地计算出，我的家乡在古新世–始新世极热事件期间比现在平均要热 8 到 12 摄氏度。* 这一点倒也不奇怪。整个地球都曾经更温暖、热气腾腾，用洛夫的话讲，“从赤道到两极的气温梯度不大”。这种一致的温暖不只是改变了太平洋西北地区这种温带地区的植物，也

* 古新世–始新世极热事件期间的全球气温平均比目前高 5 到 9 摄氏度。洛夫算出的温度远远高出了这个范围，部分原因在于这个地方的纬度，但主要原因还是这里的海拔。这里正好坐落于海平面，是迄今得到研究的为数不多能供潮湿低地雨林生长的地点之一。

让亚热带森林向北延伸到格陵兰岛，向南跨越南极大陆。在一个温室世界，没有冰川或冰盖挡路。

对于气候科学家而言，始新世早期是一个很说明问题的全球变暖案例——不只是因为地球变热了，还因为这种趋势是由温室气体引起的。当时，受一些自然事件的驱动，大气中的二氧化碳水平激增，达到今天的 3 倍甚至 4 倍，具体是哪些事件，专家们还没有达成共识——也许是火山活动，也许是海洋沉积物中甲烷的大量释放。[甲烷（CH_4）也是一种强力温室气体，也会增加大气中的二氧化碳，因为当它分解时，它释放的碳（C）会与空气中已有的氧（O_2）结合。] 如果高排放状况不变，现代气候变暖可能会在 22 世纪中叶达到始新世的水平，* 这让洛夫的这类研究成了看向未来和过去的窗口。当我问这种变暖再次出现的生物学影响时，她立刻提出了大灭绝概念。

“一共有五次主要的灭绝事件，如果算上现在正在发生的，就是六次，”她说，“而且至少一半是气候造成的。”有些人可能认为这个数字还要更高些。前四次大灭绝都发生在全球气温处于或接近最高和最低的各种极端情况下，即使是造成很多恐龙灭绝的小行星撞地球事件，可能撞击本身的影响也是次要的，更主要

* 使用气候模型将特定条件的未来场景与过去相比对，可以认定，始新世早期是目前碳排放有增无减的地球最佳的历史类比时期。将排放限制在中等水平可以让我们的未来气候更符合上新世中期（mid-Pliocene）的趋势，这是 330 万年前极端气候较少的一段温暖时期。参见 Burke et al. 2019。

的是撞击扬起了遮天蔽日的灰尘，带来了漫长的全球寒冬。* 重大的气候变化一次性挑战了很多物种的适应能力，为灭绝创造了条件，但是洛夫强调，大规模灭绝也不是不可避免的。她说："生物确实会有所反应。"然后她一口气说出了一大串从化石记录中观察到的古代生物的反应，这类反应在这本书前面几章里可以很容易找到。她说："生命到处走，机会到处有。遭罪的往往是特化物种。"洛夫在她的数据中见过所有这些现象，而且见过很多次，因为她收集的化石的年代并不是只到古新世-始新世极热事件结束时为止。还有一些存在于更年轻的始新世岩石中的化石，当时出现了一系列程度较轻的变暖和变冷事件。每次气候变化时，植物群落都有相应的反应，改变了其物种构成——叶片形状就能说明这一点，但植物群落很少永远丧失整个种群。迄今研究的大部分其他始新世初期化石群落都是这种情况。除了某些底栖海洋浮游生物消失 † 以外，得出的关键信息似乎都是某种适应力。她告诉我，"气候在一次一次地变化"，但植物和其他群落总是能适应。至少从长期看是这样。

---

* 另一种理论把恐龙消亡（和普遍的同时灭绝）归因于德干暗色岩（Deccan Traps）（位于现在的印度）持续不断的火山活动。不过这也可以归结为一个由气候驱动的过程：短期降温事件和由二氧化碳驱动的变暖事件交替出现。一些专家现在提出了一种组合模型——小行星撞击和全球冬季大量毁灭了已经因气候不稳定而处于应激状态的动植物。

† 在古生物学家弄清楚始新世早期气候是如何变化的之前，就有一段时期因为有孔虫类灭绝出了名，有孔虫类是各种各样小小的造壳浮游生物，留下了大量化石。人们觉得灭绝与水体变暖变酸有关，但原因仍然保持着一定程度的神秘感，因为受到影响的只是中深水域的一小群底栖动物。参见 McInerney and Wing 2011。

研究化石的好处就是，这相当于某种时间旅行。对蕾娜·洛夫来说，在一列石头里往上移动一两英尺，就能让她研究的植物的年代快进几千年甚至几百万年。以这样的规模压缩时间，就能很方便地回答关于适应和生存的长期问题——植物要么活下来了，要么消失了。这样远远地观看历史也提供了一种对相关剧变的疏离感。这种效果让我们这种沉浸在当下瞬间的人耳目一新。“气候变化？”一位古昆虫学家曾对我说，“每周都在发生啊！”他当然说得比较夸张，但也没夸张多少。过去大量的例子提醒我们，全球气温始终在变化，动植物对高峰和低谷都做出了反应，有的凭借适应力挺了过来，有的则会灭绝。但能从化石中学到的还是有限。灭绝远远不是生态剧变的唯一衡量标准，即便是最好的遗存也充满了（时间和多样性的）间断，让细节模糊不清，特别是在相关事件发生的时间和速度问题上。

当基岩上的几英寸距离等于亿万年时，实际上不可能准确指出某个特定的千年发生了什么，更不要说世纪或几十年这么微小的间隔了。比如，对古新世-始新世极热事件发生时间的估计，就有着 100 多万年的跨度，尽管专家们都认同地球曾迅速变暖，但也不清楚时间跨度是 5 万年还是几百年。从地质学角度，这种区别无关紧要，但在动植物不得不适应多久这个问题上，就会形成巨大差别。找到与今天发生的迅速变化最相似的情况需要定年很确切的化石与同样准确的气候记录相匹配。像始新世发生的这种比较久远的事件，永远不可能有这种匹配的情况——因为时间实在是太久远了。但年代测定技术对于比较新的标本更好用，当冰川地质学家开始在南极和格陵兰岛的冰盖上钻孔时，他们发现了一种能提供80万年气候数据的方法，不是通过估测古代环境，而是直接进行测量。

下次你往冰块里倒饮料的时候，可以花点时间近距离观察一下那些冰块上浮的样子。在写这一段的时候，我观察的那个冰块里面挤满了小气泡，在显微镜的灯光下就像小小的银珠。我在托盘里倒满水后，它们就消失了。我们过滤自来水后，水在室温下看起来清澈无比。但所有液体都会从周围的空气中吸收气体，当水冻结时，那些细碎的大气被挤出溶液又被困住，变成了气泡。我的冰块里面的空气只有几天的年纪，反映了我们家厨房最近的大气条件。但是，如果气泡是来自冰川的深处，它们可以追溯至水从液体变为结晶的那一刻。毫不夸张地讲，它们是古代天空的微小样本，保留了古代天空的全部可溶性气体，包括二氧化碳。

对气候学家来说，冰芯提供了寻觅已久的关于温室气体和全球变化联系的记录，因为其中也包含着气温的历史。水分子的微妙变化*反映了它们形成时环境的平均温度，这个信息和充满气体的气泡一起保存在冰川冰里。当两个来源的数据放在一起，就能表明温度和二氧化碳在各个时期的升降，就像同一个心跳的心电图。（这是科学家得知现代气温还会继续攀升，追上我们制造的大气碳新峰值的方法之一。）古生物学家将冰芯数据当作年鉴，

---

* 水中氢、氧同位素的比值会根据全球气温的变化而改变。区别与包含稀有重同位素的分子的蒸发和沉析如何随着环境变暖发生变化有关。

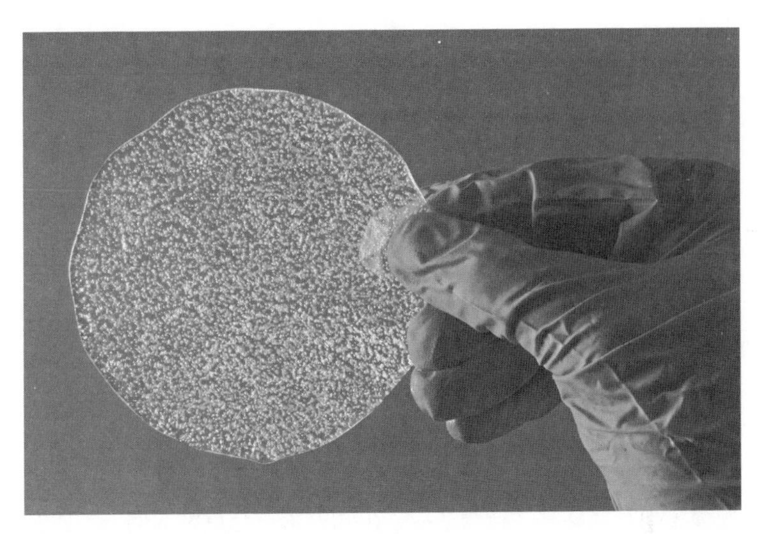

图 13.2 在这个南极冰芯横截面里，古代空气的气泡清晰可见。科学家通过在冰层里连续钻出近 3 千米厚的冰芯，收集了可以追溯至 80 万年前的气候记录［照片来源：皮特·巴克特劳特（Pete Bucktrout），英国南极调查数据库］

可以查到一个地方过去的环境和趋势，就像翻阅一本日历。格陵兰岛的冰里可见的年层可以追溯至 6 万年前，化学分析将这个数字又往前推了两倍——这正是研究者在寻找过去迅速气候变化的例子时所需要的精细程度。令人惊讶的是，这也并不是那么难找。

在过去 12 万年里，格陵兰岛的气温至少有 25 次在仅仅几十年里飙升了 5 到 15 摄氏度，* 然后保持温暖长达几个世纪、再逐

---

* 上个冰期气温的迅速攀升被称为“丹斯果–奥什格尔”（Dansgaard–Oeschger）事件，这个事件是以它的丹麦和瑞士共同发现者命名的。在向全新世（Holocene）过渡期间，又发生了两次变暖事件，波令–阿勒诺德（Bølling–Allerød）暖期和新仙女木时期（Younger Dryas）结束时的变暖。这两次事件都比丹斯果–奥什格尔事件有名得多，一般认为这些事件是不同的，但一些专家认为它们都是相同模式的最近例子。

渐凉快下来。的确，这些事件不是由二氧化碳排放驱动的，而且是从一个凉快得多的基础气温开始升温的，因此与今天的变化并不是很像。这些事件实际上也不是全球性的——大部分也许是源于流经温暖热带水域的洋流突然转向，向北进入大西洋，所以它们的主要影响仅限于北半球。但在受到影响的陆地和海洋，动植物要反复经历速度和规模像今天或超出今天程度的气温上升。古生物学家和生物学家才刚开始把注意力集中到这些事件上——高精确度的冰芯数据仍然相对较新。但早期研究结果呼应了一个熟悉的主题：适应力。在最近60多份同行评议出版物中，研究者发现了生存区转移、行为适应、生物群落广泛更替的例子，但在几乎整个时间段里，都很少发生灭绝。蕾娜·洛夫在很宽广的时间尺度下观察到的现象，在关注点更集中时也同样适用：物种和群落一次又一次地展现了承受迅速变化的灵活性——直到它们突然承受不住的那一刻。

上个冰期结束时，随着冰的减少，地球大致升温到目前的状态，150多种大型动物突然消失了。这些灭绝大部分发生在北美洲、南美洲和欧亚大陆，带走了乳齿象、洞熊、披毛犀这些著名的动物，还有一些像约书亚树种传播者沙斯塔大地懒这样不太出名的野兽。因为所有这些物种都曾经在以前相似甚至更剧烈的气温变化中生存下来，所以专家认为单纯的气候变化是不能触发灭绝的。有人认为人类的过度捕猎——“更新世过度捕杀”是另一个关键因素。这个因素的重要性有多大，人们仍在激烈争论，可能也根据物种和情况的不同而有所不同，但真正的教训蕴藏在相互作用之中：在气候迅速变化期间，生物影响被其他环境应激源扩大了。这个观点有助于解释为什么过去有些气候转变只引起了物种的适度重组，而有些则导致了大灭绝，为什么某些栖息地或种群经常受到更大的影响（例如始新世早期的海洋浮游生物）。谈到适应力，环境就很重要了——这是当前危机中的一个忧思，现在让自然系统疲于应付的人类应激源，可比当初那几伙拿着长矛的猎人厉害多了。

随着从古代记录中不断产生新的发现，科学家们不只用它们来重新分析过去。其中很多经验，在我们理解、处理和预测现在的生物气候反应时，可以直接借鉴。为了解最近的总体进展情况，我找到了达米安·福特汉姆（Damien Fordham），他是澳大利亚阿德莱德大学全球变化、生态和保护实验室的负责人。他的团队主要从事将古代系统中的知识融入现代研究和保护的工作，用他的话说，是“古生态学、古气候学、古基因组学、宏观生态学和保护生物学的交叉”*。可以写在名片上的内容虽然很多，但福特汉姆多产的著作表明，他找到了一小块研究沃土。我们互通了几次邮件，他发给我一份全新的论文，里面充满了我在其他地方都没见过的新想法。比如，现代保护策略为了保护某个物种生存区核心的栖息地，通常会忽略边缘种群。但是古代记录表明，在气候变化时，边缘地区可能具有关键作用，可以充当扩展生存区的焦点，常常容留已经适应某个物种舒适区边缘环境的

* Fordham et al. 2020, p. 1.

个体。其他创新包括对越来越多的古代 DNA 的回收和分析*，以及如何通过与现代样本比对，辨识出气候驱动的性状是如何进化的。在化石收藏中寻找存活的种子、孢子或其他休眠的生命形式，这项工作也在进行。从发芽到成熟，它们提供了用比较古老的活物种做实验的可能性。福特汉姆总结道："古代记录提供了很好的机会来测试和改善物种灭绝的报警系统。"他还补充说，他的团队还在研究整个生态系统的脆弱性。他告诉我，他在研究过去的样本时找到了"一定程度的希望"，但他反复警告说，其他由人类驱动的变化可能已经破坏了大自然的复原力。

我在埋头读福特汉姆与几位同事写的一篇论文时，发现了一条可能与最重要的历史气候教训有关的评论。他们注意到，上个冰期结束时迁移的物种清单里包括（用科学的语言说）"解剖学意义上的现代人类"。† 也就是狩猎采集部族，他们在欧洲和亚洲跟随向北撤退的冰迁移，最终穿越到美洲，成了气候驱动生存区转移的一个例子。他们对周围环境有所反应，在一个迅速变暖的世界里利用新的机会，寻找自己的舒适区，就和任何其他物种一样。尽管我们往往认为人类历史不同于自然，但探究我们自己对过去气候动荡的反应，对于理解现在的气候变化并生存下来也有重要意义。

---

* 另一个简单但能说明问题的观点来自古基因组学与分类学的交叉，涉及物种年龄。例如，在更新世之前进化的动植物已经经历了主要的气候剧变，有机会发展和保留各种适应性状。更新、更年轻的物种群则缺乏这种进化史，可能面临更高的风险。

† Fordham et al. 2020, p. 3.

在 20 世纪的大部分时间，科研人员都避免写下有“环境决定论”之嫌的内容，这个理论备受批判，因其认为某些气候和地理环境可以产生性格与道德更优的文化。殖民列强用这个理智上令人厌恶的概念来为各种种族主义政策辩护，这个概念给人与环境关系的研究留下了挥之不去的污点。古生物学家和考古学家通过福特汉姆这类指向远古联系的研究，重新点燃了我们对人与自然更为中立的兴趣。早期的古人类最初离开非洲去欧洲是在一个寒冷干燥的时期，美索不达米亚的农业发展恰好发生在上一个冰期结束后近东变得更加温暖湿润之时。现在，人们发现历史上很多著名事件*都与气候相关，从罗马共和国的消亡（火山灰 / 全球变冷）到成吉思汗的崛起（温暖 / 湿润 / 草多），再到法国大革命（干旱 / 庄稼歉收）。研究者非常小心地避免将气候趋势归为任何特定历史事件的唯一原因。这些事件更有可能是变化的环境与其他应激源协同作用的结果，正如在更新世巨型动物迅速灭绝期间一样。不过，这并不是说重大气候事件对人没有重大影响，在有记录的历史上，最能说明这一点的要数小冰期，小冰期是长达 400 年的全球寒潮，在 17 世纪达到顶点。

对气候学家而言，小冰期的平均温度下降得不多，降温是由火山灰、洋流和太阳活动的周期性变化等一系列尚未确定的因素

---

* 这些非常吸引人的案例研究每一个都值得详读。比如，影响了罗马各种事件的火山是在半个地球以外的一个小岛上爆发的，但是它向大气中喷出的灰足以将意大利半岛的气温在长达两年的时间里降低 7 摄氏度。参见 McConnell et al. 2020, Pederson et al. 2014, Waldinger 2013。

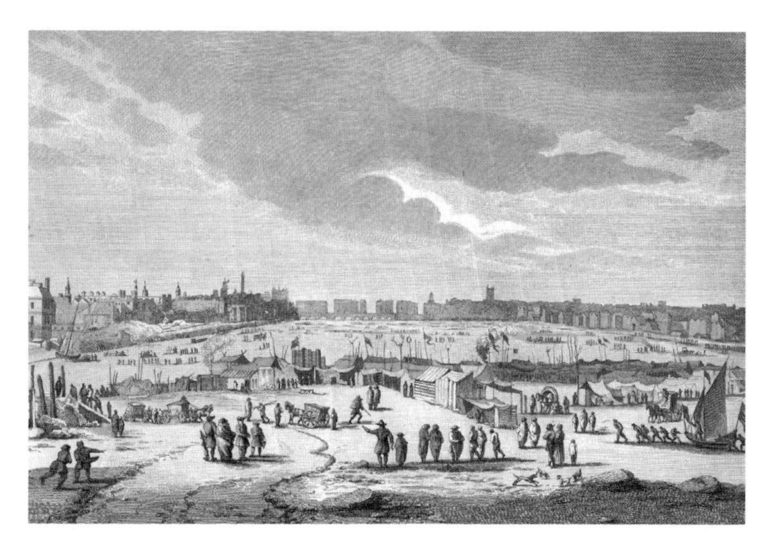

图 13.3　在小冰期期间，冰冻的伦敦泰晤士河上常有冰上集市，比如图中描绘的这个 1683—1684 年冬天的集市。这种集市可持续几个月，参加者云集，集市上有各种活动，比如纵狗咬牛、猎狐、踩高跷比赛、马拉冰上滑行船、保龄球、酒吧帐篷等等（图片来源：伦敦博物馆）

共同引发并延长的。一个具有争议的理论暗示其中也包括美洲殖民这一因素，当时欧洲的疾病使当地人口大量减少，（至少短暂地）使得废弃农田成为大规模再造林。从理论上讲，这种树木生长激增可以吸收大气中相当一部分二氧化碳。无论原因是什么，长期的寒冷在全球各地的人类活动上都烙下了不可磨灭的印记，而且，与大部分之前的时期不同，这时的人们开始记录了。航海日志、作物报告、探险家日记、贸易账目、政府记录、报纸、日记、通信，还有当时的其他第一手记录，都充满了关于极端天气的议论。就像冰芯和化石对古生物学家的意义一样，这些文字记载对研究人类历史的学者来说也是一大福利。

近年来，至少有四位著名学者写过关于小冰期的书，最全面的莫过于英国历史学家杰弗里·帕克（Geoffrey Parker）的那本精深的《全球危机》。正如标题所暗示的，这本书描述了一个极其动荡不安的时代，气候驱动的食品短缺、洪水、风暴、干旱、火灾和其他灾难，使冲突加剧到空前的程度。在17世纪，欧洲强国抵挡了30多次农民起义和其他叛乱，打了几十次较大规模的战争，名字颇发人深省，比如“九年战争”“三十年战争”，还有第一次、第二次和第三次英国内战。欧洲大陆在这整个世纪一共只有3年和平时期。在印度，莫卧儿帝国围绕王位继承权进行了血腥争夺，同时在多个前线持续进行外部战争，从1615年一直打到了至少1707年。中国经历了内部叛乱、与俄国和朝鲜的边境冲突，还有清军和明军之间60多年的激烈战斗。除了这些明显的冲突迹象——生物学家可能会将之称为“攻击性增强”，人们也用很多我们已经知道的方法来应对气候变化。移民激增，数百万人从农村迁移到城市，又出国寻求更好的前景。人们的行为也发生了变化，从饮食、贸易、农业生产时机和产品的改变，到更奇怪的一些变化，比如女巫审判的数量小幅增加。（当人们为种种恶劣天气寻找替罪羊时，就是各类迷信最兴旺的时候。）与其他学科的学者一样，帕克并不认为气候变化是这些趋势的直接原因，而是一个普遍的因素，是使已有风险和问题加剧的因素。军事策划人员会使用“威胁放大器”这个术语，这可能是我见过的对气候变化最好的描述了——无论从历史角度、生物学角度还是其他角度来说都是如此。科学家也开始用这个词了，在战略和外交界也能越来越频繁地听到这个词，因为，正如帕克在他书中的后记里强调的，来自气候压力巨大的17世纪的模式，又开始在气候压力巨大的21世纪重现了。

从极端天气到极端政治，在近年各种事件的表象之下（包括2000年以来武装冲突增加了40%*），很容易发现气候信号。比如，叙利亚内战是在叙利亚历史上最严重的干旱时期开始的，部分原因是100多万流民出于绝望，从衰败的农村涌向拥挤的城市中心。而尽管“阿拉伯之春”是由很多压力导致的，关键的早期抗议是由面包短缺引起的，而这又可以追溯到俄罗斯和加拿大在上一年夏天的热浪和小麦歉收。全球范围的移民也在增加，人们离开的地方和他们想去的地方有着明显的差别。对国内和国际模式的研究表明，移民趋势明显是向气候相对稳定的地方迁移，离开过于炎热、干旱、洪水泛滥、海平面上升、风暴和野火袭扰的地方。†

---

* 自20、21世纪之交以来，全球活跃的武装冲突增加了近40%。参见 Pettersson and Öberg 2020。

† 毫不奇怪，气候驱动的移民在依赖农业的国家中最多。但移民也受到财富的强烈影响，以中等收入国家尤甚，那里的人有足够的钱迁移，却不足以负担解决当地问题的昂贵开销。在人们无法负担移民成本的地方，或在富裕到能让人们在环境变化的情况下仍然比较舒服的地方，移民率会下降。这是财富作为一种社会可塑性形式的有趣例子——拥有更多财富的人要么能迁移，要么能买来适应力。参见 Hoffman et al. 2020。

作为“威胁放大器”，气候变化已经成为每日新闻[*]的常客。在写这一段时，我浏览了一下新闻标题，很快看到了一些关于美国西部各地发生创纪录的森林火灾的报道，为了避免吸入危险的烟尘，人们只能居家隔离。有一条报道是关于即将来临的大西洋飓风沿途疏散令的，还有一条报道说“有序撤离”是沿海社区对抗海平面上升的策略。一条比较微妙的报道详细讲述了印度为农作物歉收保险提高政府补贴的事。一条比较直白的报告说亚利桑那州空调短缺。从气候变化生物学的视角看，人类活动常常在重复大自然中动植物的反应——迁移、适应、寻求庇护。这种相似并不奇怪，因为尽管我们的社会很复杂，尽管我们身处科技的世界，说到底我们也只是这个不断变化的世界中的一个物种而已，我们面临着同样的气候挑战，只能利用同一个工具箱寻找解决办法。但还是有一个显著的不同之处。人与地球上任何其他生物都不同的是，对于气候变化，人有能力采取更多的行动，而不只是做出反应。如果我们选择行动，我们就能改变导致气候变化发生的行为。

---

* 我看的新闻没有与女巫审判有关的，但我注意到一篇报道与另一种非理性寻找替罪羊的方式有关：阴谋论的政治影响力日益增加。社会科学家认为，越来越多的人采取“指责性看法”，与冲突、紧张、创伤性事件的增加有关。值得注意的是，目前很多阴谋论都与气候变化的起源和真实性有关。

结论

尽你所能

强有力的理由产生强有力的行动。*

——威廉·莎士比亚《约翰王》(1596 年)

我钻到拖拉机敞开的肚皮下面，把新改装的部件放进去，诺亚用一个橡皮锤敲了它几下。一开始它有点抗拒，随后滑到了正确的位置，发出令人满意的一声闷响。

他轻声说："成功啦！"听得出他极力抑制着兴奋之情。"我们战胜了油泵！"

我们在仓库里干活的时候小声说话已经成了习惯，这样就不会惊扰到附近房梁上挂着的一个硕大的黄蜂窝。但是，后来在外面，当我们摇起曲柄启动发动机，看着油压表指针跳向安全区停

* 《约翰王》，第三幕，第四场；Bevington 1980, p. 470。

下来之后，我们在阳光里又是大声欢呼，又是击掌庆祝。这个问题已经困扰我们好几个月了，不过现在，我们准备全速开动诺亚的拖拉机。没一会儿，我们大胆挂到第四档，时速达到 16 千米，开上了乡间小路，这个速度对于一件 1945 年制造的农场设备来讲，感觉还相当快呢。

起初我以为我儿子喜欢古董拖拉机只是一时兴起——很多小孩子都喜欢大型设备。但是随后他就开始把他在我们当地县集市卖鸡蛋和小鸡的钱攒起来，后来我鬼使神差地借了一个平板拖车，把一辆老旧的红色法尔毛拖拉机从别人家的院子拉到了我家的院子。我们花了半年时间才开始收拾这辆拖拉机，肯定也是因为我自己一边写着关于气候变化的书，一边又要复活一辆燃油效率等级为每升 1.7 千米的车，难免有些不情不愿的讽刺感，阻碍了进度。但是，随着我和诺亚完成各种修理，从永磁电机到油浴式空气过滤器、油门、挺杆等等，我渐渐对所有这些互相协作的部件的纯粹独创性产生了一种心怀嫉恨的羡慕。（我们还改造了化油器，而且改了好几次——但我对这个装置的独创性持保留意见。）内燃机对气候变化危机负有很多责任，但它们是不可否认的聪明机器，是将化石能源转化为动力的一种神奇的方式。后来，当我得知诺亚压根儿就没想让这种动力发挥作用时，我多少有点儿惊讶。

我们刚开始试着修理这辆拖拉机时，我曾花了一点时间在网上找适合挂在车上，又与这辆动力输出装置的轴承相匹配的用具。我想诺亚可能会对割草机和搂草机感兴趣——也许他想为他努力提供的一系列农业服务里增加一项割草服务。但是当我向他提起这个想法时，他显得有点惊讶。然后他就像在讲一个明摆着的道理一样，耐着性子向我解释，他的拖拉机已经老旧过时了，他买它是用来收藏的。主要不是要用它，而是要把它修好，让它看起来、跑起来就像刚出厂时一样。他想在县集市上展示它，在我们岛上每年举行国庆游行时开着它穿过全城。然后他公布了一个更宏伟的计划：带着它去参加复古农业节，那里有成百上千个志趣相投的爱好者聚在一起，展示自己修复工作的成果。我突然意识到，翻新老旧、费油的机器，并不一定是在通向低碳未来之路上后退了一步。实际上，这可能还算是某种进步。如果我们大部分人能像诺亚和他那些收藏伙伴看

图 C.1.　一辆 1945 年的法尔毛 A 型拖拉机，能够正常运转（照片来源：诺亚・汉森）

待他们的拖拉机那样，看待整个内燃机时代——把它们看作历史，这个世界反而会更好。

对我来说，意识到这一点无异于一个助推，把我对气候变化的思考和烦恼最终推向了个人行动的领域。我去见我们当地的设备交易商时一直在想这个问题，我填完了购买设备要填的材料，绕到后面去提货。

庭院工人嘟囔了一句："看起来就像吹泡泡用的。"我得承认他的话挺有道理。这台割草机在通常放置发动机的地方有一个白色和橙色的塑料圆顶，带一个电池组插槽。当我们把机器提起来放进车里时，整台机器感觉不太结实、轻得出奇。虽然我喜欢不用燃烧化石能源就能割草这个主意，但这个奇特的装置看起来似乎很难胜任这项任务——特别是我们家的草坪，可能更确切的描述是"没怎么修剪过的草场"。

我问："这种机器你们卖得多吗？"他苦笑着点点头。

"多啊，"他说，"这是个大趋势。"

后来，当我看到电动割草机有多好用时，我完全明白了为什么他面有苦色。这台割草机又安静又高效，修剪起我们家杂乱无章的院子，跟我拥有过的任何燃油割草机一样好——而且还能一直这么好，不需要更换机油、空气过滤器、火花塞、新的化油器，或任何其他能养活设备企业修理业务的东西。我们的新电锯、我们的电动汽车，以及家里近年来换的一大堆使用电池动力的物品都是如此。说实话，我一度不太愿意做出不再使用汽油和柴油的转变，总觉得选择电力会不那么好用。毕竟，不久前，电动庭院工具还因为切断了自己的延长线而出了名，我还认识一个人，拥有一辆需要不断充电的早期电动汽车，甚至在开车的时候也得充，要用一个燃油便携发电机来充电，这反倒违背了整个设计的初衷。但是，让我惊讶的是，我们尝试的每一件现代电动设备都比它们的高污染前任前进了一大步，至少让人能够很容易为地球做出这样一个小行动。

要说清楚的是，买电动割草机并不足以阻止气候变化。即便每个人都把庭院工作和日常驾驶的工具改成电池动力的，化石燃料仍然深深嵌入在全球经济中，从农业和航空旅行，到船运、建筑和制造业（包括生产电动割草机和电动汽车）。而且，即使有幸拥有后院和车辆的人改用电，也无法解决危机中复杂的社会和政治问题，因为其中的因果有着严重的不对等。但是，面对感觉无法承受的挑战，实际行动是有力量的。我赞同戈登·奥里恩斯（Gordon Orians）对我表达的哲学，他是一位杰出的美国生物学家，他在 70 年的职业生涯中研究过从乌鸫行为到恐惧的演化等各类课题。当我问他，一个忧心的公民应该如何对抗气候变化时，他简明扼要地说："尽其所能。"

奥里恩斯短短的一句话，抓住了紧迫性和能动性两个要点——既说出了问题的严重性，也说出了在一定程度上采取行动的重要性。这并不是一个新观念。19 世纪的思想家爱德华·埃弗雷特·黑尔（Edward Everett Hale）曾在一首诗里表达过类似的观念，当时距离人们担心气候变化还很遥远呢。"我无法做一切，但我能做一些，"他写道，"正因我无法做一切，所以我不会拒绝做力所能及的那一些。”[*]奥里恩斯和黑尔的建议之可贵，在于他们都用了“能”这个词，这是一个植根于可能性的动词、可以适应任何情况。它可以帮助我们集中精力解决眼前的问题——实际的问题，包括如何开车、购物、吃饭、旅行、抗议、投票，没错，还有割草。怀疑论者会说，采取个人行动是微不足道的，在这么大的问题面前根本无济于事。但这种看法是错的，而且错得还不是一星半点，而是完全与事实相反。在自然界，我们已经看到个体有机体的反应如何决定了种群、物种和整个生态群落的命运。同样的模式对人类社会也同样适用。解决气候变化问题需要我们与能源的关系发生根本性的文化转变，从我们如何生产能源，到我们的生活方式需要多少能源。这就让个体行为的重要性增强而不是减少了，因为决定并改变一种文化的正是集体行为和个体态度。没错，我们需要更有力的气候政策、更强的领导力来推进这些政策，但这些都是文化改变的结果，而不是原因。

一个人尽其所能地对气候变化做一些事，从生物学角度讲也是一种适应方式，因为，正如本书一再向大家展示的，动植物就是这样做出应对的。在面对气候挑战时，物种不会轻易放弃——它们尽其所能去适应。有些成功了，有些失败了，花时间了解个中原因可以让我们对自己的反应有一些新见解。比如，自然界中生存区转移案例的激增揭示人类移民增多的一些奥秘。我们在

---

* Fairfield 1890, p. 114.

鱼、熊和其他物种中观察到的适应现象提醒我们注意自身行为的趋势，还有，随着地球变暖，我们非凡的可塑性将如何变得越来越重要。模型和预测当然指向一个动荡甚至混乱的未来，但自然界中充满了迅速复原的例子，应该可以给我们激励。如果蝴蝶能为应对这场危机进化出更大的翅膀肌肉，我们为什么不能至少改变几个行为呢？比如改变开车的方式或暖气的设定温度。如果蜥蜴能在一代之内改变脚趾垫的抓力，那么也许我们也能找到动力去少坐一次不必要的飞机，或者记得在离开房间时关灯。对气候变化的生物反应每天都在我们周围上演着。它们是不断呼吁行动的嗡鸣，也在提醒着我们，影响动植物的那种力量同样也在制约着人类。我们现在选择怎么做不仅决定了未来会发生什么，也会决定我们在其中的位置。

数学家在做完冗长的证明后，可以满意地写上“QED”这几个字母，这是拉丁语“quod erat demonstrandum”的缩写，可以翻译成“证明完毕”。有时我真是嫉妒这个传统。它能唤起一种生物学上很少体验到的终局感，而在生物学里，回答任何一个问题总是会引发几个别的问题，成为一个无休止的循环，我们只能用拉丁语 ad infinitum（永无止境）来向罗马人致意。气候变化生物学当然也是如此，这门学科的发展和拓展是与气候变化的发展和扩张相伴的——同样是在全球范围内发展，发展得同样迅速。现在的一个笑话是，世界上每个生物学家都在研究气候变化的影响，只是其中有些人还不自知。没有人觉得“证明完毕”的时刻会很快出现，因为已经释放到大气中的碳的量已经能让气温持续上升几十年。（气候变化也将成为未来生物学家的一个主要研究课题。）即使是在最佳的排放场景下，全球变暖的影响也需要很长时间的管理，动植物的生命是其中永远的重要路标。理解它们的挑战和反应可能不会让我们减少对危机的担忧，却有助于我们以更明智的方式来担忧。这是个不错的起点，对研究资金不多、需要加以善用的科学家来说如此，对制定气候和保护策略的决策者来说如此，对我们所有从道德和情感上都希望“找到一条更好前行道路”的人来说，也是如此。这将是一段令人忧心忡忡又引人入胜的旅程——不仅对我们来说是这样，对每一个物种来说也都是这样。希望我们能做好。

致谢

在作者长时间独自辛劳的表象之下，一本书的诞生其实是集体努力的结果。构思、研究、写作和制作这本书有世界各地人们的贡献，正因为他们愿意在一个长期项目的漫漫征程中助上一臂之力，才使这些环节联结起来。我一直十分感激我的朋友和代理人、英国柯蒂斯·布朗版权代理机构（Curtis Brown）的劳拉·布莱克·彼得森（Laura Blake Peterson），当我们发现，我们又能与Basic Books出版社无与伦比的托马斯·凯莱赫（Thomas Kelleher）合作时，我也深感庆幸。出版社的整个团队都太棒了，团队里有拉腊·海莫特（Lara Heimert）、瑞秋·菲尔德（Rachel Field）、劳拉·皮阿肖（Laura Piasio）、梅丽莎·韦罗内西（Melissa Veronesi）、丽兹·威泽尔（Liz Wetzel）、凯特·霍华德（Kait Howard）、杰西卡·布林（Jessica Breen）、卡拉·欧杰布博（Kara Ojebuoboh）、梅丽莎·雷蒙德（Melissa Raymond）、阿比盖尔·莫尔（Abigail Mohr）、凯特琳·布德尼克（Caitlyn

Budnick）、迈克·范·曼特海姆（Mike van Mantgem），当然还有很多其他幕后工作人员。我对所有帮忙寻找读者的书商和图书管理员都充满了感激，尤其要感谢海蒂·路易斯（Heidi Lewis）对馆际互借的巧妙运用。最后，我要感谢妻子和儿子每天的爱与支持，还要感谢很多其他家庭成员和朋友愿意忍受我喃喃自语的怪癖。

在此，我还要列出一串名单（排名不分先后），他们无私地为这个项目贡献了时间、知识和热情——我感谢他们所有人（如有不慎遗漏，还望谅解！）：苏菲·鲁伊斯（Sophie Rouys）、德鲁·哈维尔、尼娜·索特雷尔（Nina Sottrell）、罗伯特·迈克尔·派尔（Robert Michael Pyle）、妮可·安杰利（Nicole Angeli）、安·波特（Ann Potter）、理查德·普里马克、史蒂夫和唐娜·戴尔夫妇（Steve and Donna Dyer）、菲尔·格林（Phil Green）、彼得·邓威迪（Peter Dunwiddie）、巴里·西内尔沃、丹·罗比、斯塔凡·林格伦、本·弗里曼、比尔·纽马克、维多利亚·佩克、威尔·比哈雷尔（Will Beharrell）、托马斯·阿露斯特姆（Thomas Alerstam）、格瑞塔·佩茨尔、威尔·迪西、费松林、约翰·特恩布尔（John Turnbull）、桑迪·瑞德（Sandy Reid）、梅丽莎·麦卡锡、萨莉·基斯、埃利亚斯·利维、柯林·多尼赫、艾丽西亚·丹尼尔、伊丽莎白·汤普森（Elizabeth Thompson）、康斯坦斯·米勒、利比·戴维森、布莱恩特·奥尔森、卡拉·洛伦索、西蒙·埃文斯（Simon Evans）、拉斯·古斯塔夫森（Lars Gustafsson）、科迪·德伊（Cody Dey）、安东·莫斯托文科、查德·威尔西、克里斯·希尔兹、W. 罗伯特·内托斯（W. Robert Nettles），大卫·格莱米耶、肯·科尔、兰迪·科尔卡、雷尼·肯尼迪、阿曼达·库珀（Amanda Kueper）、基思·高兹曼（Keith Goetzman）、瑞恩·科瓦奇、乔纳森·阿姆斯特朗、蕾妮·洛夫、戈登·奥里恩斯、达米安·福特汉姆、布鲁克·巴特曼（Brooke Bateman），以及蒙塔古·H. C. 尼特–克莱格（Montague H. C. Neate-Clegg）。

词汇表

英文	中文	解释
acclimatization	气候适应	个体通过内在的身体或行为能力，对环境条件的一种迅速适应。
adaptation	适应	生物体应对周围环境时发生的变化。适应可能是通过行为或固有能力（参见“可塑性”）立即发生的，也可能是通过遗传适应性特征逐渐演化的。
aragonite	文石	由碳酸钙组成的一种矿物；常见于海洋生物的壳中，稳定性弱于方解石。
backcrossing	回交	杂种与其亲本种之一的杂交。
biodiversity	生物多样性	生命的多样性，包括物种的数量、物种内部的遗传变异及其所组成群落的复杂性。
calcite	方解石	由碳酸钙组成的一种白色矿物，常见于海洋生物的壳中。
carbonic acid	碳酸	二氧化碳溶于水时形成的一种弱酸。
cascading effects	级联效应	特定事件、活动或变化引起的连锁反应带来的生态后果。
chromosome	染色体	细胞内携带遗传信息的一种结构。
copepod	桡足动物	庞大、多样的小型水生甲壳动物种群之一。

英文	中文	解释
coral bleaching	珊瑚白化	发生在热应激状态下的珊瑚赶走它们多彩的共生伙伴时，这个过程会让珊瑚变得脆弱，常常使珊瑚变白或“脱色”。
Cretaceous	白垩纪	是 1.46 亿年前至 6 500 万年前的一段时期，特点是气候条件温暖，出现开花植物，恐龙长期居于支配地位。
critical thermal maximum	临界高温	超出这个温度，生物体就会停止运转；致死温度。
dinoflagellates	甲藻	与褐藻有亲缘关系的单细胞水生生物体；很多甲藻能够进行光合作用，有些甲藻是珊瑚的共生伙伴。
El Niño	厄尔尼诺现象	东太平洋表层海水变暖的地点和范围不规则变化的现象，与海洋和气候条件的广泛变化有关。
Eocene	始新世	第三纪的第二世，大约从 5 600 万年前持续至 3 400 万年前。
genetic drift	遗传漂变	通过随机继承发生的进化变化。
genus	属	近缘物种的类群。
heliotherm	日温动物	通过晒太阳调节体温的动物。
hybridization	杂交	基因不同的物种或亚种之间杂交繁育。
hydrology	水文学	研究水及其与环境关系的学科。
introgression	基因渗入	遗传物质通过杂交和反复回交在物种或种群之间移动。
isotope	同位素	相同元素的不同形式之一，同位素的化学性质相同，但因其原子核的中子数不同，所以原子质量不同。
megafauna	巨型动物	体型巨大的动物；可用来形容现代动物（例如大象、野牛），但常用来指在更新世后灭绝的物种（例如猛犸、大地懒、剑齿虎）。
meiosis	减数分裂	产生含有母细胞一半遗传物质的配子（例如精子和卵子）的细胞分裂，发生在有性繁殖之前，也称为“reduction division”。
methane	甲烷	化学式为 CH_4 的一种可燃气体，天然气的主要成分。

英文	中文	解释
midden	堆丘	垃圾或废物堆，生物学上常用于描述林鼠这样的囤积啮齿动物的巢穴。
mutation	突变	生物体遗传密码的随机改变，自然界多样性的主要来源之一。
mutualism	共生	两个物种之间彼此在交互作用中受益的关系。
natural selection	自然选择	俗称“适者生存”。最能适应环境的个体得以生存，将使其最能适应环境的遗传物质传递下去的一种进化过程。
nonlinear	非线性	字面意思是“不在直线上”。用于科学中其结果不可预测的关系。
osmotic shock	渗透压冲击	两种密度或化学成分完全不同的液体之间突然传递的压力。
Paleocene-Eocene Thermal Maximum	古新世–始新世极热事件	大约 5 500 万年前一段温暖的时期，特点是大气二氧化碳水平高和温室气候。
pathogen	病原体	病毒、细菌或其他致病微生物。
periostracum	角质层	环绕并保护各种蜗牛、蛤蜊、翼足目和其他制壳有机体的一层薄薄的清漆状有机层。
phenology	物候	自然界中季节性事件发生的时间。
photosynthesis	光合作用	植物和某些生物体利用阳光将二氧化碳和水转化为碳水化合物的过程。
plasticity	可塑性	内在适应性，生物体对其环境做出反应的内在能力。
Pleistocene	更新世	260 万年前至 1 万年前的地质年代，特点是反复出现大规模冰川作用或“冰期”。
polyp	珊瑚虫	特定海洋无脊椎动物（如珊瑚或海葵）的一种生命形式，一般是在柱状身体上有一张嘴和触须。
pteropod	翼足目动物	翼足目种群的成员，自由游动的海洋蜗牛，也被称为海蝴蝶或海天使。
quartzite	石英岩	主要由矿物石英组成的岩石类型，通常是由砂岩经过极端高温高压的地质作用（被称为“变质作用”）形成的。

英文	中文	解释
refugium	生物庇护所	能抵抗环境变化的地点，可以为因新条件不利而从周边地区迁来的以前常见物种提供庇护。
selection	选择	在进化中，帮助决定哪些性状从一代传给下一代的过程（例如自然选择、性选择）。
sexual selection	性选择	简单说是通过择偶进行的选择，这种观点认为交配场景中的偏好和竞争决定了相关性状的继承。
symbiont	共生体	共生关系中的伙伴。
symbiotic	共生	两种不同生物密切生活在一起而产生的生物学交互作用，通常对一方有利或对双方都有利。
talus	倒石堆	在被侵蚀悬崖下的山坡上堆积的大小不一的巨石和岩石。
tapir	貘	食草的雨林哺乳动物，外形像大型的猪，但与马的亲缘关系更近。
Tertiary Period	第三纪	6 500 万年前至 260 万年前的一段时期，特点是很多我们现在熟悉的动植物种群兴起，包括哺乳动物。
timing mismatch	时间错配	一种气候变化难题，彼此依赖的生物（例如植物及其传粉者）在为应对新条件而改变时间表时出现了不同步的情况，导致其关键互动期缩短或消失。
yucca	丝兰属	包括了北美洲和南美洲五六十种刺状叶沙漠肉质植物的一个属，其中，约书亚树是目前数量最多的。
zooplankton	浮游动物	在洋流中漂浮或游泳能力有限的小型水生生物，包括各种原生动物、甲壳类动物，以及很多鱼类和其他海洋生物的幼体形态。（与浮游藻不同，浮游藻是微型植物。）
zooxanthellae	虫黄藻	在珊瑚里生活的各类甲藻。
zygacine	棋盘花辛碱	在棋盘花的各个部分中发现的一种有毒生物碱。

参考书目

Anderson, J. T., and Z. J. Gezon. 2014. Plasticity in functional traits in the context of climate change: a case study of the subalpine forb *Boechera stricta* (Brassicaceae). *Global Change Biology* 21: 1689–1703.

Anthony, N. M., M. Johnson-Bawe, K. Jeffery, S. L. Clifford, et al. 2007. The role of Pleistocene refugia and rivers in shaping gorilla genetic diversity in central Africa. *Proceedings of the National Academy of Sciences* 104: 20432–20436.

Aronson, R. B., K. E. Smith, S. C. Vos, J. B. McClintock, et al. 2015. No barrier to emergence of bathyal king crabs on the Antarctic Shelf. *Proceedings of the National Academy of Sciences* 112: 12997–13002.

Arrhenius, S. 1908. *Worlds in the Making: The Evolution of the Universe.* New York: Harper and Brothers.

Aubret, F., and R. Shine. 2010. Thermal plasticity in young snakes: how will climate change affect the thermoregulatory tactics of ectotherms? *The Journal of Experimental Biology* 213: 242–248.

Austen, J. 2015 (1816). *Emma.* 200th Anniversary Annotated Edition. New York: Penguin.

Bailey, I. W., and E. W. Sinnott. 1916. The climatic distribution of certain types of angiosperm leaves. *American Journal of Botany* 3: 24–39.

Barnosky, A. 2014. *Dodging Extinction: Power, Food, Money, and the Future of Life on Earth.* Oakland: University of California Press.

Barnosky, A. D., P. L. Koch, R. S. Feranec, S. L. Wing, et al. 2004. Assessing the causes of late Pleistocene extinctions on the continents. *Science* 306: 70–75.

Bateman, B. L., L. Taylor, C. Wilsey, J. Wu, et al. 2020. Risk to North American birds from climate change–related threats. *Conservation Science and Practice* 2. DOI: 10.1111/csp2.243.

Bateman, B. L., C. Wilsey, L. Taylor, J. Wu, et al. 2020. North American birds require mitigation and adaptation to reduce vulnerability to climate change.

Conservation Science and Practice 2. DOI: 10.1111/csp2.242.

Bates, A. E., B. J. Hilton, and C. D. G. Harley. 2009. Effects of temperature, season and locality on wasting disease in the keystone predatory sea star *Pisaster ochraceus*. *Diseases of Aquatic Organisms* 86: 245–251.

Bateson, P., D. Barker, T. Clutton-Brock, D. Deb, et al. 2004. Developmental plasticity and human health. *Nature* 430: 419–421.

Becker, M., N. Gruenheit, M. Steel, C. Voelckel, et al. 2013. Hybridization may facilitate in situ survival of endemic species through periods of climate change. *Nature Climate Change* 3: 1039–1043.

Bednaršek, N., R. A. Feely, J. C. P. Reum, B. Peterson, et al. 2014. *Limacina helicina* shell dissolution as an indicator of declining habitat suitability owing to ocean acidification in the California Current Ecosystem. *Proceedings of the Royal Society B* 281: 20140123.

Beechey, F. W. 1843. *A Voyage of Discovery Towards the North Pole*. London: Richard Bentley.

Bellard, C., W. Thuiller, B. Leroy, P. Genovesi, et al. 2013. Will climate change promote future invasions? *Global Change Biology* 12: 3740–3748.

Bevington, D., ed. 1980. *The Complete Works of Shakespeare*. Glenview, IL: Scott, Foresman and Company.

Blom, P. 2017. *Nature's Mutiny*. New York: Liveright Publishing Company.

Bordier, C., H. Dechatre, S. Suchail, M. Peruzzi, et al. 2017. Colony adaptive response to simulated heat waves and consequences at the individual level in honeybees (*Apis mellifera*). *Scientific Reports* 7: 3760.

Botkin, D. B., H. Saxe, M. B. Araújo, R. Betts, et al. 2007. Forecasting the effects of global warming on biodiversity. *BioScience* 57: 227–236.

Botta, F., D. Dahl-Jensen, C. Rahbek, A. Svensson, et al. 2019. Abrupt change in climate and biotic systems. *Current Biology* 29: R1045–R1054.

Boutin, S., and J. E. Lane. 2014. Climate change and mammals: evolutionary versus plastic responses. *Evolutionary Applications* 7: 29–41.

Brakefield, P. M., and P. W. de Jong. 2011. A steep cline in ladybird melanism has decayed over 25 years: a genetic response to climate change? *Heredity* 107: 574–578.

Breedlovestrout, R. L. 2011. "Paleofloristic Studies in the Paleogene Chuckanut Basin, Western Washington, USA." PhD dissertation. Moscow: University of Idaho, 952 pp.

Breedlovestrout, R. L., B. J. Evraets, and J. T. Parrish. 2013. New Paleogene paleoclimate analysis of western Washington using physiognomic characteristics from fossil leaves. *Palaeogeography, Palaeoclimatology,*

Palaeoecology 392: 22–40.
Bromwich, D. H., E. R. Toracinta, H. Wei, R. J. Oglesby, et al. 2004. Polar MM5 simulations of the winter climate of the Laurentide Ice Sheet at the LGM. *Journal of Climate* 17: 3415–3433.
Brooker, R. M., S. J. Brandl, and D. L. Dixson. 2016. Cryptic effects of habitat declines: coral-associated fishes avoid coral-seaweed interactions due to visual and chemical cues. *Scientific Reports* 6: 18842.
Burke, K. D., J. W. Williams, M. A. Chandler, A. M. Haywood, et al. 2018. Pliocene and Eocene provide best analogs for near-future climates. *Proceedings of the National Academy of Sciences* 115: 13288–13293.
Burnet, J. 1892. *Early Greek Philosophy.* London: Adam and Charles Black.
Candolin, U., T. Salesto, and M. Evers. 2007. Changed environmental conditions weaken sexual selection in sticklebacks. *Journal of Evolutionary Biology* 20: 233–239.
Carlson, S. M. 2017. Synchronous timing of food resources triggers bears to switch from salmon to berries. *Proceedings of the National Academy of Sciences* 114: 10309–10311.
Caruso, N. M., M. W. Sears, D. C. Adams, and K. R. Lips. 2014. Widespread rapid reductions in body size of adult salamanders in response to climate change. *Global Change Biology* 20: 1751–1759.
Carver, T. N. 1915. *Essays in Social Justice.* Cambridge, MA: Harvard University Press.
Chan-McLeod, A. C. A. 2006. A review and synthesis of the effects of unsalvaged mountain-pine-beetle-attacked stands on wildlife and implications for forest management. *BC Journal of Ecosystems and Management* 7: 119–132.
Chen, I., J. K. Hill, R. Ohlemüller, D. B. Roy, et al. 2011. Rapid range shifts of species associated with high levels of climate warming. *Science* 333: 1024–1026.
Christie, K. S., and T. E. Reimchen. 2008. Presence of salmon increases passerine density on Pacific Northwest streams. *The Auk* 125: 51–59.
Clairbaux, M., J. Fort, P. Mathewson, W. Porter, H. Strøm, et al. 2019. Climate change could overturn bird migration: transarctic flights and high-latitude residency in a sea ice free Arctic. *Scientific Reports* 9: 1–13.
Clark, J. S., C. Fastie, G. Hurtt, S. T. Jackson, et al. 1998. Reid's paradox of rapid plant migration: dispersal theory and interpretation of paleoecological records. *BioScience* 48: 13–24.
Cleese, J., E. Idle, G. Chapman, T. Jones, et al. 1974. *Monty Python and the Holy Grail Screenplay.* London: Methuen.

Cole, K. L., K. Ironside, J. Eischeid, G. Garfin, et al. 2011. Past and ongoing shifts in Joshua tree distribution support future modeled range contraction. *Ecological Applications* 21: 137–149.

Cooke, B. J., and A. J. Carroll. 2017. Predicting the risk of mountain pine beetle spread to eastern pine forests: considering uncertainty in uncertain times. *Forest Ecology and Management* 396: 11–25.

Corlett, R. T., and D. A. Westcott. 2013. Will plant movements keep up with climate change? *Trends in Ecology & Evolution* 28: 482–488.

Crawford, E. 1996. *Arrhenius: From Ionic Theory to the Greenhouse Effect.* Canton, MA: Science History Publications.

Crimmins S., S. Dobrowski, J. Greenberg, J. Abatzoglou, et al. 2011. Changes in climatic water balance drive downhill shifts in plant species' optimum elevations. *Science* 331: 324–327.

Cronin, T. M. 2010. *Paleoclimates.* New York: Columbia University Press.

Crozier, L. G., and J. A. Hutchings. 2014. Plastic and evolutionary responses to climate change in fish. *Evolutionary Applications* 7: 68–87.

Cudmore, T. J., N. Björklund, A. L. Carroll, and S. Lindgren. 2010. Climate change and range expansion of an aggressive bark beetle: evidence of higher beetle reproduction in naïve host tree populations. *Journal of Applied Ecology* 47: 1036–1043.

da Rocha, G. D., and I. L. Kaefer. 2019. What has become of the refugia hypothesis to explain biological diversity in Amazonia? *Ecology and Evolution* 9: 4302–4309.

Darwin, C. 2004. *The Voyage of the Beagle* (1909 text). Washington, DC: National Geographic Adventure Classics.

Darwin, C. 2008. *On the Origin of Species: The Illustrated Edition* (1859 text). New York: Sterling.

Deacy, W. W., J. B. Armstrong, W. B. Leacock, C. T. Robbins, et al. 2017. Phenological synchronization disrupts trophic interactions between Kodiak brown bears and salmon. *Proceedings of the National Academy of Sciences* 114: 10432–10437.

Deacy, W., W. Leacock, J. B. Armstrong, and J. A. Stanford. 2016. Kodiak brown bears surf the salmon red wave: direct evidence from GPS collared individuals. *Ecology* 97: 1091–1098.

Dessler, A. 2016. *Introduction to Modern Climate Change.* New York: Cambridge University Press.

di Lampedusa, G. 1960. *The Leopard.* New York: Pantheon Books.

Donihue, C. M., A. Herrel, A. C. Fabre, A. Kamath, et al. 2018. Hurricane-induced selection on the morphology of an island lizard. *Nature* 560: 88–91.

Dooley, K. J. 2009. The butterfly effect of the "butterfly effect." *Nonlinear Dynamics, Psychology, and Life Sciences* 13: 279–288.

Draper, A. M., and M. Weissburg. 2019. Impacts of global warming and elevated CO_2 on sensory behavior in predator-prey interactions: a review and synthesis. *Frontiers in Ecology and Evolution* 7: 72–91.

Edworthy, A. B., M. C. Drever, and K. Martin. 2011. Woodpeckers increase in abundance but maintain fecundity in response to an outbreak of mountain pine bark beetles. *Forest Ecology and Management* 261: 203–210.

Eisenlord, M. E., M. L. Groner, R. M. Yoshioka, J. Elliott, et al. 2016. Ochre star mortality during the 2014 wasting disease epizootic: role of population size structure and temperature. *Philosophical Transactions of the Royal Society B: Biological Sciences* 371: 20150212. DOI: 1098/rstb.2015.0212.

Ekmarck, D. 1781. On the Migration of Birds. In F. J. Brand, transl., *Select Dissertations from the Amoenitates Academicae* 215–263. London: G. Robinson, Bookseller.

Eldredge, N., and S. J. Gould. 1972. "Punctuated Equilibria: An Alternative to Phyletic Gradualism." In T. J. M. Schopf, ed., *Models in Paleobiology*, 82–115. San Francisco: Freeman, Cooper & Co.

Ellwood, E. R., J. M. Diez, I. Ibánez, R. B. Primack, et al. 2012. Disentangling the paradox of insect phenology: are temporal trends reflecting the response to warming? *Oecologia* 168: 1161–1171.

Ellwood, E. R., S. A. Temple, R. B. Primack, N. L. Bradley, et al. 2013. Recordbreaking early flowering in the eastern United States. *PLoS One* 8: e53788.

Emanuel, W. R., H. H. Shugart, and M. P. Stevenson. 1985. Climatic change and the broad-scale distribution of terrestrial ecosystem complexes. *Climatic Change* 7: 29–43.

Erlenbach, J. A., K. D. Rode, D. Raubenheimer, and C. T. Robbins. 2014. Macronutrient optimization and energy maximization determine diets of brown bears. *Journal of Mammalogy* 95: 160–168.

Evans, S. R., and L. Gustafsson. 2017. Climate change upends selection on ornamentation in a wild bird. *Nature Ecology & Evolution* 1: 1–5.

Fagan, B. 2000. *The Little Ice Age: How Climate Made History.* New York: Basic Books.

Fagen, J. M., and R. Fagen. 1994. Bear-human interactions at Pack Creek, Alaska. *International Conference on Bear Research and Management* 9: 109–114.

Fairfield, A. H., ed. 1890. *Starting Points: How to Make a Good Beginning.*

Chicago: Young Men's Era Publishing Company.
Fei, S., J. M. Desprez, K. M. Potter, I. Jo, et al. 2017. Divergence of species responses to climate change. *Science Advances* 3: e1603055.
Fordham, D. A., S. T. Jackson, S. C. Brown, B. Huntley, et al. 2020. Using paleo-archives to safeguard biodiversity under climate change. *Science* 369: eabc5654. DOI: 10.1126/science.abc5654.
Foster, D. R., and T. M. Zebryk. 1993. Long-term vegetation dynamics and disturbance history of a *Tsuga*-dominated forest in New England. *Ecology* 74: 982–998.
Franks, S. J., J. J. Webber, and S. N. Aitken. 2014. Evolutionary and plastic responses to climate change in terrestrial plant populations. *Evolutionary Applications* 7: 123–139.
Freeman, B. G., and A. M. C. Freeman. 2014. Rapid upslope shifts in New Guinean birds illustrate strong distributional responses of tropical montane species to global warming. *Proceedings of the National Academy of Sciences* 111: 4490–4494.
Freeman B. G., J. A. Lee-Yaw, J. Sunday, and A. L. Hargreaves. 2017. Expanding, shifting and shrinking: the impact of global warming on species' elevational distributions. *Global Ecology and Biogeography* 27: 1268–1276.
Freeman, B. G., M. N. Scholer, V. Ruiz-Gutierrez, and J. W. Fitzpatrick. 2018. Climate change causes upslope shifts and mountaintop extirpations in a tropical bird community. *Proceedings of the National Academy of Sciences* 115: 11982–11987.
Fritz, A. 2017. This city in Alaska is warming so fast, algorithms removed the data because it seemed unreal. *The Washington Post*, December 12, 2017. Archived at www.washingtonpost.com. Accessed March 20, 2019.
Gallinat, A. S., R. B. Primack, and D. L. Wagner. 2015. Autumn, the neglected season in climate change research. *Trends in Ecology and Evolution* 30: 169–176.
Gardner, J., C. Manno, D. C. Bakker, V. L. Peck, et al. 2018. Southern Ocean pteropods at risk from ocean warming and acidification. *Marine Biology* 165. DOI: 10.1007/s00227-017-3261-3.
Gienapp, P., C. Teplitsky, J. S. Alho, J. A. Mills, et al. 2008. Climate change and evolution: disentangling environmental and genetic responses. *Molecular Ecology* 17: 167–178.
Gould, S. J. 2007. *Punctuated Equilibrium.* Cambridge, MA: The Belknap Press of Harvard University Press.
Grant, P. R., B. R. Grant, R. B. Huey, M. T. Johnson, et al. 2017. Evolution

caused by extreme events. *Philosophical Transactions of the Royal Society B: Biological Sciences* 372: 20160146. DOI: 10.1098/rstb.2016.014.

Greiser, C., J. Ehrlén, E. Meineri, and K. Hylander. 2019. Hiding from the climate: characterizing microrefugia for boreal forest understory species. *Global Change Biology* 26: 471–483.

Grémillet, D., J. Fort, F. Amélieneau, E. Zakharova, et al. 2015. Arctic warming: nonlinear impacts of sea-ice and glacier melt on seabird foraging. *Global Change Biology* 21: 1116–1123.

Hannah, L. 2015. *Climate Change Biology*. 2nd Edition. London: Academic Press.

Hanson, T., W. Newmark, and W. Stanley. 2007. Forest fragmentation and predation on artificial nests in the Usambara Mountains, Tanzania. *African Journal of Ecology* 45: 499–507.

Harvell, C. D., D. Montecino-Latorre, J. M. Caldwell, J. M. Burt, et al. 2019. Disease epidemic and a marine heat wave are associated with the continental-scale collapse of a pivotal predator (*Pycnopodia helianthoides*). *Science Advances* 5: eaau7042. DOI: 0.1126/sciadv.aau7042.

Harvell, D. 2019. *Ocean Outbreak: Confronting the Tide of Marine Disease*. Oakland: University of California Press.

Hassal, C., S. Keat, D. J. Thompson, and P. C. Watts. 2014. Bergmann's rule is maintained during a rapid range expansion in a damselfly. *Global Change Biology* 20: 475–482.

Heberling, J. M., M. McDonough, J. D. Fridley, S. Kalisz, et al. 2019. Phenological mismatch with trees reduces wildflower carbon budgets. *Ecology Letters* 22: 616–623.

Hegarty, M. J., and S. J. Hiscock. 2005. Hybrid speciation in plants: new insights from molecular studies. *New Phytologist* 165: 411–423.

Heller, J. L. 1983. Notes on the titulature of Linnaean dissertations. *Taxon* 32: 218–252.

Hendry, A. P., K. M. Gotanda, and E. I. Svensson. 2017. Human influences on evolution, and the ecological and societal consequences. *Philosophical Transactions of the Royal Society B* 372: 20160028.

Herbert, S. 2005. *Charles Darwin, Geologist*. Ithaca, NY: Cornell University Press.

Hewson, I., J. B. Button, B. M. Gudenkauf, B. Miner, et al. 2014. Densovirus associated with sea-star wasting disease and mass mortality. *Proceedings of the National Academy of Sciences* 111: 17278–17283.

Hilborn, R. C. 2004. Sea gulls, butterflies, and grasshoppers: a brief history of the butterfly effect in nonlinear dynamics. *American Journal of Physics* 72:

425–427.

Hill, J. K., C. D. Thomas, and D. S. Blakely. 1999. Evolution of flight morphology in a butterfly that has recently expanded its geographic range. *Oecologia* 121: 165–170.

Hocking, M. D., and T. E. Reimchen. 2002. Salmon-derived nitrogen in terrestrial invertebrates from coniferous forests of the Pacific Northwest. *BMC Ecology* 2: 4.

Hoffmann, R., A. Dimitrova, R. Muttarak, J. Crespo Cuaresma, et al. 2020. A meta-analysis of country-level studies on environmental change and migration. *Nature Climate Change* 10. DOI: 10.1038/s41558-020-0898-6.

Holdridge, L. R. 1947. Determination of world plant formations from simple climatic data. *Science* 105: 367–368.

Holdridge, L. R. 1967. *Life Zone Ecology*. San Jose, Costa Rica: Tropical Science Center.

Honey - Marie, C., A. L. Carroll, and B. H. Aukema. 2012. Breach of the northern Rocky Mountain geoclimatic barrier: initiation of range expansion by the mountain pine beetle. *Journal of Biogeography* 39: 1112–1123.

Hort, A., transl. 1938. *The Critica Botanica of Linnaeus*. London: The Ray Society.

Hoving, H.-J. T., W. F. Gilly, U. Markaida, K. J. Benoit - Bird, et al. 2013. Extreme plasticity in life - history strategy allows a migratory predator (jumbo squid) to cope with a changing climate. *Global Change Biology* 19: 2089–2103.

Huey, R. B., J. B. Losos, and C. Moritz. 2010. Are lizards toast? *Science* 328: 832–833.

Hulme, M. 2009. On the origin of "the greenhouse effect": John Tyndall's 1859 interrogation of nature. *Weather* 64: 121–123.

Hutton, J. 1788. Theory of the earth. *Transactions of the Royal Society of Edinburgh* 1: 209.

Isaak, D. J., M. K. Young, C. H. Luce, S. W. Hostetler, et al. 2016. Slow climate velocities of mountain streams portend their role as refugia for cold-water biodiversity. *Proceedings of the National Academy of Sciences* 113: 4374–4379.

Jefferson, T. 1803. Jefferson's instructions to Meriwether Lewis. Letter dated June 20, 1803. Archived at www.monticello.org. Accessed October 31, 2018.

Johnson, C. R., S. C. Banks, N. S. Barrett, F. Cazassus, et al. 2011. Climate change cascades: shifts in oceanography, species' ranges and subtidal marine community dynamics in eastern Tasmania. *Journal of Experimental Marine*

Biology and Ecology 400: 17–32.

Johnson, S. 2008. *The Invention of Air.* New York: Riverhead Books.

Johnson, W. C., and C. S. Adkisson. 1986. Airlifting the oaks. *Natural History* 95: 40–47.

Johnson, W. C., and T. Webb III. 1989. The role of blue jays (*Cyanocitta cristata* L.) in the postglacial dispersal of fagaceous trees in eastern North America. *Journal of Biogeography* 16: 561–571.

Johnson-Groh, C., and D. Farrar. 1985. Flora and phytogeographical history of Ledges State Park, Boone County, Iowa. *Proceedings of the Iowa Academy of Science* 92: 137–143.

Jost, J. T. 2015. Resistance to change: a social psychological perspective. *Social Research* 82: 607–636.

Karell, P., K. Ahola, T. Karstinen, J. Valkama, et al. 2011. Climate change drives microevolution in a wild bird. *Nature Communications* 2: 1–7.

Keith, S. A., A. H. Baird, J. P. A. Hobbs, E. S. Woolsey, et al. 2018. Synchronous behavioural shifts in reef fishes linked to mass coral bleaching. *Nature Climate Change* 8: 986–991.

Kirchman, J. J., and K. J. Schneider. 2014. Range expansion and the breakdown of Bergmann's Rule in red-bellied woodpeckers (*Melanerpes carolinus*). *The Wilson Journal of Ornithology* 126: 236–248.

Koch, A., C. Brierley, M. M. Maslin, and S. L. Lewis. 2019. Earth system impacts of the European arrival and Great Dying in the Americas after 1492. *Quaternary Science Reviews* 207: 13–36.

Kolbert, E. 2014. *The Sixth Extinction: An Unnatural History.* New York: Henry Holt.

Kooiman, M., and J. Amash. 2011. *The Quality Companion.* Raleigh, NC: TwoMorrows Publishing.

Körner, C., and E. Spehn. 2019. A Humboldtian view of mountains. *Science* 365: 1061.

Kovach, R. P., B. K. Hand, P. A. Hohenlohe, T. F. Cosart, et al. 2016. Vive la résistance: genome-wide selection against introduced alleles in invasive hybrid zones. *Proceedings of the Royal Society B: Biological Sciences* 283: 20161380.

Kutschera, U. 2003. A comparative analysis of the Darwin-Wallace papers and the development of the concept of natural selection. *Theory in Biosciences* 122: 343–359.

Kuzawa, C. W., and J. M. Bragg. 2012. Plasticity in human life history strategy: implications for contemporary human variation and the evolution of genus

Homo. *Current Anthropology* 53: S369–S382.
LaBar, T., and C. Adami. 2017. Evolution of drift robustness in small populations. *Nature Communications* 8: 1–12.
La Sorte, F., and F. Thompson. 2007. Poleward shifts in winter ranges of North American birds. *Ecology* 88: 1803–1812.
Lenoir, J., J. C. Gégout, A. Guisan, P. Vittoz, et al. 2010. Going against the flow: potential mechanisms for unexpected downslope range shifts in a warming climate. *Ecography* 33: 295–303.
Lenz, L. W. 2001. Seed dispersal in *Yucca brevifolia* (Agavaceae)—present and past, with consideration of the future of the species. *Aliso: A Journal of Systematic and Evolutionary Botany* 20: 61–74.
Le Row, C. B. 1887. *English as She is Taught: Genuine Answers to Examination Questions in our Public Schools*. New York: Cassell and Company.
Liao, W., C. T. Atkinson, D. A. LaPointe, and M. D. Samuel. 2017. Mitigating future avian malaria threats to Hawaiian forest birds from climate change. *PLoS One* 12: e0168880. https://doi.org/10.1371/journal.pone.0168880.
Lindgren, B. S., and K. F. Raffa. 2013. Evolution of tree killing in bark beetles (Coleoptera: Curculionidae): trade-offs between the maddening crowds and a sticky situation. *The Canadian Entomologist* 145: 471–495.
Ling, S. D., C. R. Johnson, K. Ridgeway, A. J. Hobday, et al. 2009. Climate-driven range extension of a sea urchin: inferring future trends by analysis of recent population dynamics. *Global Change Biology* 15: 719–731.
Little, A. G., D. N. Fisher, T. W. Schoener, and J. N. Pruitt. 2019. Population differences in aggression are shaped by tropical cyclone-induced selection. *Nature Ecology and Evolution* 3: 1294–1297.
Lorenz, E. N. 1963. The predictability of hydrodynamic flow. *Transactions of the New York Academy of Sciences*, Series II 25: 409–432.
Lourenço, C. R., G. I. Zardi, C. D. McQuaid, E. A. Serrao, et al. 2016. Upwelling areas as climate change refugia for the distribution and genetic diversity of a marine macroalga. *Journal of Biogeography* 43: 1595–1607.
Mabey, R. 1986. *Gilbert White: A Biography of the Author of "The Natural History of Selborne."* London: Century Hutchinson Ltd.
Macias-Fauria, M., P. Jepson, N. Zimov, and Y. Malhi. 2020. Pleistocene Arctic megafaunal ecological engineering as a natural climate solution? *Philosophical Transactions of the Royal Society B* 375: 20190122. DOI: 10.1098/rstb.2019.0122.
Mackay, C. 1859. *The Collected Songs of Charles Mackay*. London: G. Routledge and Co.

Mackey, B., S. Berry, S. Hugh, S. Ferrier, et al. 2012. Ecosystem greenspots: identifying potential drought, fire, and climate - change micro - refuges. *Ecological Applications* 22: 1852–1864.

Marshall, G. 2014. *Don't Even Think About It: Why Our Brains Are Wired to Ignore Climate Change.* New York: Bloomsbury.

Martin, T.-H. 1868. *Galilée: Les Droits de la Science et la Méthode des Sciences Physiques.* Paris: Didier et Cie.

Mayhew, P. J., G. B. Jenkins, and T. G. Benton. 2008. A long-term association between global temperature and biodiversity, origination and extinction in the fossil record. *Proceedings of the Royal Society B: Biological Sciences* 275: 47–53.

McConnell, J. R., M. Sigl, G. Plunkett, A. Burke, et al. 2020. Extreme climate after massive eruption of Alaska's Okmok volcano in 43 BCE and effects on the late Roman Republic and Ptolemaic Kingdom. *Proceedings of the National Academy of Sciences* 117: 15443–15449.

McCrea, W. H. 1963. Cosmology, a brief review. *Quarterly Journal of the Royal Astronomical Society* 4: 185–202.

McEvoy, B. P., and P. M. Visscher. 2009. Genetics of human height. *Economics & Human Biology* 7: 294–306.

McInerney, F. A., and S. L. Wing. 2011. The Paleocene-Eocene Thermal Maximum: a perturbation of carbon cycle, climate, and biosphere with implications for the future. *Annual Review of Earth and Planetary Sciences* 39: 489–516.

Merilä, J., and A. P. Hendry. 2014. Climate change, adaptation, and phenotypic plasticity: the problem and the evidence. *Evolutionary Applications* 7: 1–14.

Millar, C. I., D. L. Delany, K. A. Hersey, M. R. Jeffress, et al. 2018. Distribution, climatic relationships, and status of American pikas (*Ochotona princeps*) in the Great Basin, USA. *Arctic, Antarctic, and Alpine Research* 50: p.e1436296.

Millar, C. I., and R. D. Westfall. 2010. Distribution and climatic relationships of the American pika (*Ochotona princeps*) in the Sierra Nevada and western Great Basin, USA: periglacial landforms as refugia in warming climates. *Arctic, Antarctic, and Alpine Research* 42: 76–88.

Millar, C. I., R. D. Westfall, and D. L. Delany. 2014. Thermal regimes and snowpack relations of periglacial talus slopes, Sierra Nevada, California, USA. *Arctic, Antarctic, and Alpine Research* 46: 483–504.

Millar, C. I., R. D. Westfall, and D. L. Delany. 2016. Thermal components of American pika habitat—how does a small lagomorph encounter climate? *Arctic, Antarctic, and Alpine Research* 48: 327–343.

Miller, M. 1974. *Plain Speaking: An Oral Biography of Harry S. Truman.* New York: G. P. Putnam's Sons.

Miller-Rushing, A. J., and R. B. Primack. 2008. Global warming and flowering times in Thoreau's Concord: a community perspective. *Ecology* 89: 332–341.

Mitton, J. B., and S. M. Ferrenberg. 2012. Mountain pine beetle develops an unprecedented summer generation in response to climate warming. *The American Naturalist* 179: E163–E171.

Morelli, T. L., C. Daly, S. Z. Dobrowski, D. M. Dulen, et al. 2016. Managing climate change refugia for climate adaptation. *PLoS One* 11: e0159909.

Moret, P., P. Muriel, R. Jaramillo, and O. Dangles. 2019. Humboldt's Tableau Physique revisited. *Proceedings of the National Academy of Sciences* 116: 12889–12894.

Moritz, C., and R. Agudo. 2013. The future of species under climate change: resilience or decline? *Science* 341: 505–508.

Muhlfeld, C. C., R. P. Kovach, R. Al-Chokhachy, S. J. Amish, et al. 2017. Legacy introductions and climatic variation explain spatiotemporal patterns of invasive hybridization in a native trout. *Global Change Biology* 23: 4663–4674.

Muhlfeld, C. C., R. P. Kovach, L. A. Jones, R. Al-Chokhachy, et al. 2014. Invasive hybridization in a threatened species is accelerated by climate change. *Nature Climate Change* 4: 620–624.

Newmark, W. D., and T. R. Stanley. 2011. Habitat fragmentation reduces nest survival in an Afrotropical bird community in a biodiversity hotspot. *Proceedings of the National Academy of Sciences* 108: 11488–11493.

Nogués-Bravo, D., F. Rodríguez-Sánchez, L. Orsini, E. de Boer, et al. 2018. Cracking the code of biodiversity responses to past climate change. *Trends in Ecology & Evolution* 33: 765–776.

Ntie, S., A. R. Davis, K. Hils, P. Mickala, et al. 2017. Evaluating the role of Pleistocene refugia, rivers and environmental variation in the diversification of central African duikers (genera *Cephalophus* and *Philantomba*). *BMC Evolutionary Biology* 17: 212. DOI: 10.1186/s12862-017-1054-4.

Ovadiah, A., and S. Mucznik. 2017. Myth and reality in the battle between the Pygmies and the cranes in the Greek and Roman worlds. *Gerión* 35: 151–166.

Parker, G. 2017. *Global Crisis: War, Climate Change and Catastrophe in the Seventeenth Century.* New Haven, CT: Yale University Press.

Parmesan, C. 2006. Ecological and evolutionary responses to recent climate change. *Annual Review of Ecology, Evolution, and Systematics* 37: 637–669.

Parmesan, C., and M. E. Hanley. 2015. Plants and climate change: complexities and surprises. *Annals of Botany* 116: 849–864.

Pashalidou, F. G., H. Lambert, T. Peybernes, M. C. Mescher, et al. 2020. Bumble bees damage plant leaves and accelerate flower production when pollen is scarce. *Science* 368: 881–884.

Pateman, R. M., J. K. Hill, D. B. Roy, R. Fox, et al. 2012. Temperaturedependent alterations in host use drive rapid range expansion in a butterfly. *Science* 336: 1028–1030.

Peck, V. L., R. L. Oakes, E. M. Harper, C. Manno, et al. 2018. Pteropods counter mechanical damage and dissolution through extensive shell repair. *Nature Communications* 9. DOI: 10.1038/s41467-017-02692-w.

Peck, V. L., G. A. Tarling, C. Manno, E. M. Harper, et al. 2016. Outer organic layer and internal repair mechanism protects pteropod *Limacina helicina* from ocean acidification. *Deep Sea Research,* Part II: *Topical Studies in Oceanography* 127: 41–52.

Pecl, G. T., M. B. Araújo, J. D. Bell, J. Blanchard, et al. 2017. Biodiversity redistribution under climate change: impacts on ecosystems and human well-being. *Science* 355: eaai9214. DOI: 10.1126/science.aai9214.

Pederson, N., A. E. Hessl, N. Baatarbileg, K. J. Anchukaitis, et al. 2014. Pluvials, droughts, the Mongol Empire, and modern Mongolia. *Proceedings of the National Academy of Sciences* 111: 375–4379.

Petit, J. R., J. Jouzel, D. Raynaud, N. I. Barkov, et al. 1999. Climate and atmospheric history of the past 420,000 years from the Vostok ice core, Antarctica. *Nature* 399: 429–436.

Pettersson, T., and M. Öberg. 2020. Organized violence, 1989–2019. *Journal of Peace Research* 57: 597–613.

Pfister, C. A., R. T. Paine, and J. T. Wootton. 2016. The iconic keystone predator has a pathogen. *Frontiers in Ecology and the Environment* 14: 285–286.

Porfirio, L. L., R. M. Harris, E. C. Lefroy, S. Hugh, et al. 2014. Improving the use of species distribution models in conservation planning and management under climate change. *PLoS One* 9: e113749.

Prevey, J. S. 2020. Climate change: flowering time may be shifting in surprising ways. *Current Biology* 30: R112–R114.

Priestley, J. 1781. *Experiments and Observations on Different Kinds of Air.* London: J. Johnson.

Primack, R. B. 2014. *Walden Warming: Climate Change Comes to Thoreau's Woods.* Chicago: The University of Chicago Press.

Primack, R. B., and A. S. Gallinat. 2016. Spring budburst in a changing climate. *American Scientist* 104: 102–109.

Prum, R. O. 2017. *The Evolution of Beauty: How Darwin's Forgotten Theory of Mate Choice Shapes the Animal World.* New York: Doubleday.

Rapp, J. M., D. A. Lutz, R. D. Huish, B. Dufour, et al. 2019. Finding the sweet spot: shifting optimal climate for maple syrup production in North America. *Forest Ecology and Management* 448: 187–197.

Raup, D. M. 1994. The role of extinction in evolution. *Proceedings of the National Academy of Sciences* 91: 6758–6763.

Real, D., A. G. McAdam, S. Boutin, and D. Berteaux. 2003. Genetic and plastic responses of a northern mammal to climate change. *Proceedings of the Royal Society B* 270: 591–596.

Reed, T. E., V. Grotan, S. Jenouvrier, B. Saether, et al. 2013. Population growth in a wild bird is buffered against phenological mismatch. *Science* 340: 488–491.

Reid, C. 1899. *The Origin of the British Flora.* London: Dulau and Company.

Robbirt, K. M., D. L. Roberts, M. J. Hutchings, and A. J. Davy. 2014. Potential disruption of pollination in a sexually deceptive orchid by climatic change. *Current Biology* 24: 845–849.

Rosenberger, D. W., R. C. Venette, M. P. Maddox, and B. H. Aukema. 2017. Colonization behaviors of mountain pine beetle on novel hosts: implications for range expansion into northeastern North America. *PloS One* 12: e0176269.

Safranyik, L., and B. Wilson, eds. 2006. *The Mountain Pine Beetle: A Synthesis of Biology, Management and Impacts on Lodgepole Pine.* Victoria, BC: Canadian Forest Service.

Saintilan, N., N. Wilson, K. Rogers, A. Rajkaran, et al. 2014. Mangrove expansion and salt marsh decline at mangrove poleward limits. *Global Change Biology* 20: 147–157.

Sanford, E., J. L. Sones, M. García-Reyes, J. H. Goddard, et al. 2019. Widespread shifts in the coastal biota of northern California during the 2014–2016 marine heatwaves. *Scientific Reports* 9: 1–14.

Saunders, S. P., N. L. Michel, B. L. Bateman, C. B. Wilsey, et al. 2020. Community science validates climate suitability projections from ecological niche modeling. *Ecological Applications* 30: e02128. DOI: 10.1002/eap.2128.

Schiebelhut, L. M., J. B. Puritz, and M. N. Dawson. 2018. Decimation by sea star wasting disease and rapid genetic change in a keystone species, *Pisaster ochraceus*. *Proceedings of the National Academy of Sciences* 115: 7069–7074.

Schilthuizen, M., and V. Kellerman. 2014. Contemporary climate change and terrestrial invertebrates: evolutionary versus plastic changes. *Evolutionary Applications* 7: 56–67.

Schlegel, F. 1991. *Philosophical Fragments*. P. Firchow, transl. Minneapolis:

University of Minnesota Press.
Simpson, C., and W. Kiessling. 2010. Diversity of Life Through Time. In *Encyclopedia of Life Sciences* (ELS). Chichester, UK: John Wiley & Sons. DOI: 0.1002/9780470015902.a0001636.pub2.
Sinervo, B., F. Mendez-de-la-Cruz, D. B. Miles, B. Heulin, et al. 2010. Erosion of lizard diversity by climate change and altered thermal niches. *Science* 328: 894–899.
Spottiswoode, C. N., A. P. Tøttrup, and T. Coppack. 2006. Sexual selection predicts advancement of avian spring migration in response to climate change. *Proceedings of the Royal Society B: Biological Sciences* 273: 3023–3029.
Squarzoni, P. 2014. *Climate Changed: A Personal Journey Through the Science.* New York: Abrams.
Stinson, D. W. 2015. Periodic status review for the brown pelican. Olympia, WA: Washington Department of Fish and Wildlife. 32 + iv pp.
Tape, K. D., D. D. Gustine, R. W. Ruess, L. G. Adams, et al. 2016. Range expansion of moose in Arctic Alaska linked to warming and increased shrub habitat. *PloS One* 11: e0152636.
Telemeco, R. S., M. J. Elphick, and R. Shine. 2009. Nesting lizards (*Bassiana duperreyi*) compensate partly, but not completely, for climate change. *Ecology* 90: 17–22.
Teplitsky, C., and V. Millien. 2014. Climate warming and Bergmann's Rule through time: is there any evidence? *Evolutionary Applications* 7: 156–168.
Teplitsky, C., J. A. Mills, J. S. Alho, J. W. Yarrell, et al. 2008. Bergmann's Rule and climate change revisited: disentangling environmental and genetic responses in a wild bird population. *Proceedings of the National Academy of Sciences* 105: 13492–13496.
Terry, R. C., L. Cheng, and E. A. Hadly. 2011. Predicting small mammal responses to climatic warming: autecology, geographic range, and the Holocene fossil record. *Global Change Biology* 17: 3019–3034.
Thoreau, H. D. 1906. *The Writings of Henry David Thoreau: Journal, Vol. VIII, November 1, 1855–August 15, 1856.* B. Torrey, ed. Boston: Houghton Mifflin.
Thoreau, H. D. 1966. *Walden and Civil Disobedience.* New York: W. W. Norton & Company.
Tyndall, J. 1861. The Bakerian lecture: on the absorption and radiation of heat by gases and vapours, and on the physical connexion of radiation, absorption, and conduction. *Philosophical Transactions of the Royal Society of London* 151: 1–36.
Vander Wall, S. B., T. Esque, D. Haines, M. Garnett, et al. 2006. Joshua tree (*Yucca*

brevifolia) seeds are dispersed by seed-caching rodents. *Ecoscience* 13: 539–543.

Veblen, T. 1912. *The Theory of the Leisure Class*. New York: The Macmillan Company.

von Humboldt, A. 1844. *Central-Asien*. Berlin: Carl J. Klemann.

von Humboldt, A., and A. Bonpland. 1907. *Personal Narrative of the Travels to the Equinoctial Regions of America During the Years 1799–1804,* vol. II. London: George Bell & Sons.

Waldinger, M. 2013. Drought and the French Revolution: The effects of adverse weather conditions on peasant revolts in 1789. London: London School of Economics, 25 pp.

Wallace, A. R. 2009. "On the Law Which Has Regulated the Introduction of New Species (1855)." *Alfred Russel Wallace Classic Writings*: Paper 2. http://digitalcommons.wku.edu/dlps_fac_arw/2.

Weiss, L. C., L. Pötter, A. Steiger, S. Kruppert, et al. 2018. Rising CO2 in freshwater ecosystems has the potential to negatively affect predator-induced defenses in *Daphnia*. *Current Biology* 28: 327–332.

Welch, C. A., J. Keay, K. C. Kendall, and C. T. Robbins. 1997. Constraints on frugivory by bears. *Ecology* 78: 1105–1119.

White, G. 1947. *The Natural History of Selborne*. London: The Cresset Press.

Wilf, P. 1997. When are leaves good thermometers?: A new case for leaf margin analysis. *Paleobiology* 23: 373–390.

Wilson, W. 1917. *President Wilson's State Papers and Addresses*. New York: George H. Doran Company.

Wisner, G., ed. 2016. *Thoreau's Wildflowers*. New Haven, CT: Yale University Press.

Wodehouse, P. G. 2011. *Very Good, Jeeves!* New York: W. W. Norton & Company.

Woodroffe, R., R. Groom, and J. W. McNutt. 2017. Hot dogs: high ambient temperatures impact reproductive success in a tropical carnivore. *Journal of Animal Ecology* 86: 1329–1338.

Wronski, T., and B. Hausdorf. 2008. Distribution patterns of land snails in Ugandan rain forests support the existence of Pleistocene forest refugia. *Journal of Biogeography* 35: 1759–1768.

Yao, H., M. Dao, T. Imholt, J. Huang, et al. 2010. Protection mechanisms of the iron-plated armor of a deep-sea hydrothermal vent gastropod. *Proceedings of the National Academy of Sciences* 107: 987–992.

Zak, P. 2012. *The Moral Molecule: How Trust Works*. New York: Plume.